微课
视频版

设计必修课：
Axure RP 9互联网产品原型设计

卢 斌　编著

电子工业出版社

Publishing House of Electronics Industry

北京·BEIJING

内容简介

本书由浅入深地介绍了以Axure RP 9为主要软件进行原型设计与制作的方法，在讲解过程中，以知识点传授和实例解析为主，同时配有大量的Axure RP 9的基础知识，为原型的设计与制作打下基础。

本书配套的多媒体教学资源包中不但提供了书中所有实例的源文件和素材，还提供了多媒体教学视频，以帮助读者快速掌握使用Axure RP 9进行原型设计与制作的精髓。

本书实例丰富、讲解细致，注重激发读者的学习兴趣和培养读者的动手能力，适合作为原型设计与制作人员的参考手册。

图书在版编目（CIP）数据

设计必修课：Axure RP 9互联网产品原型设计：微课视频版 / 卢斌编著. -- 北京：电子工业出版社,2022.6

 ISBN 978-7-121-43591-1

Ⅰ.①设… Ⅱ.①卢… Ⅲ.①网页制作工具 Ⅳ.①TP393.092.2

中国版本图书馆CIP数据核字(2022)第089982号

责任编辑：陈晓婕
印　　刷：北京七彩京通数码快印有限公司
装　　订：北京七彩京通数码快印有限公司
出版发行：电子工业出版社
　　　　　北京市海淀区万寿路173信箱　邮编：100036
开　　本：720×1000　1/16　印张：17.75　　字数：539.6千字
版　　次：2022年6月第1版
印　　次：2024年8月第3次印刷
定　　价：89.90 元

凡所购买电子工业出版社图书有缺损问题，请向购买书店调换。若书店售缺，请与本社发行部联系，联系及邮购电话：（010）88254888，88258888。

质量投诉请发邮件至zlts@phei.com.cn，盗版侵权举报请发邮件至dbqq@phei.com.cn。

本书咨询联系方式：（010）88254161~88254167转1897。

前　言

Axure RP 9原型设计软件功能强大，应用范围非常广泛。使用Axure RP 9可以创建应用软件或Web网站的线框图、流程图、原型和Word说明文档。同时，Axure RP 9在目前流行的交互动画设计与制作中的应用也越来越广泛。

作为专业的原型设计工具，Axure RP 9能快速、高效地创建原型，同时支持多人协作设计和版本控制管理，能够很好地表达出交互设计师想要表现的效果，并能很好地将这种效果展现给研发人员，使团队合作更加完美。

本书章节及内容安排

本书内容浅显易懂、简明扼要，由浅入深地讲述了如何使用Axure RP 9设计、制作交互动画，并配有实例解析，使学习过程不再枯燥乏味。本书的章节安排如下。

第1章 熟悉Axure RP 9。本章主要介绍Axure RP 9的主要功能、Axure RP 9的安装与启动、Axure RP 9的操作界面、Axure RP 9的帮助资源、查看视图、设置遮罩和对齐/分布对象等内容，帮助读者快速熟悉Axure RP 9软件。

第2章 Axure RP 9的基本操作。本章主要针对Axure RP 9的基本操作进行讲解，从文件的新建和存储到文件的打开与导入都进行详细的介绍，并针对操作中常常用到的自动备份、还原与恢复操作等内容也进行讲解。

第3章 页面管理。本章主要针对Axure RP 9中页面的管理进行学习，包括了解站点、管理页面、编辑页面、自适应视图、图表类型、生成流程图、绘画工具、组合对象、锁定对象和隐藏对象等内容。

第4章 使用元件。本章主要讲解Axure RP 9中的元件的使用方法，详细介绍每种元件的使用方法和技巧，还对其在实际原型设计中的应用技巧进行研究。

第5章 元件的属性与样式。本章主要介绍Axure RP 9中元件的属性和样式，同时还详细介绍设置元件样式的方法，包括填充、阴影、不透明度和圆角等。

第6章 母版与第三方元件库。本章主要介绍母版的创建和使用方法，以及第三方元件库的创建和使用方法。

第7章 简单交互设计。本章主要介绍向元件添加各种交互效果的方法和技巧，并详细介绍各种参数的设置，同时还对交互样式的设置方法和技巧进行讲解。

第8章 高级交互设计。本章针对Axure RP 9中难度较高的"全局变量"动作进行介绍，分别针对全局变量、局部变量和设置条件等知识点进行案例讲解。

第9章 团队合作。本章主要讲解团队项目合作原型存储的公共位置，团队项目的制作、获取、发布，以及团队项目中的签入和签出等内容。

第10章 发布与输出。本章主要讲解Axure RP 9中的4种生成器，运用它们可以生成4种不同格式的原型设计方案供客户查看。

第11章 设计制作PC端网页原型。本章主要讲解如何运用Axure RP 9设计与制作PC端网页原型，通过完成实例的绘制来巩固学习成果，使读者更多地了解Axure RP 9软件。

第12章 设计制作移动端网页原型。本章主要讲解如何运用Axure RP 9设计与制作移动端网页原型，通过完成实例的绘制来巩固学习成果，使读者更多地了解Axure RP 9软件。

本书特点

　　本书本着由易到难、基础知识与案例操作相结合的原则，全面、详细地介绍使用Axure RP 9设计与制作互联网产品原型的过程，包括各个环节的知识点和操作技巧。

　　本书实例丰富、图文并茂，在大部分章中都为读者提供了"答疑解惑"栏目，并在大部分章结尾为读者提供一个扩展练习案例，供读者测验学习效果。本书附带的资源包中收录了本书所有案例的素材文件和最终效果文件，读者可以通过这些素材进行实例操作，尽快熟悉并掌握Axure RP 9的各项功能。资源包中还加入了书中所有案例的视频教学文件，以帮助读者更好地学习。

　　由于水平有限，书中难免存在错误和疏漏之处，希望广大读者朋友批评、指正，以便我们改进和提高。

编 著 者

目　录

第1章 熟悉Axure RP 9

1.1 关于Axure RP 9 ·············· 1
1.2 Axure 的主要功能 ·············· 3
1.3 Axure RP 9的安装与启动·············· 5
  1.3.1 下载Axure RP 9 ·············· 5
  1.3.2 应用案例——安装Axure RP 9 ··· 5
  1.3.3 汉化与启动Axure RP 9 ·············· 6
1.4 Axure RP 9的操作界面 ·············· 7
  1.4.1 菜单栏 ·············· 7
  1.4.2 工具栏 ·············· 9
  1.4.3 功能区 ·············· 11
  1.4.4 工作区 ·············· 14
1.5 Axure RP 9的帮助资源 ·············· 14
1.6 查看视图 ·············· 15
  应用案例——查看视图 ·············· 15
1.7 标尺 ·············· 16
1.8 辅助线 ·············· 16
  1.8.1 辅助线的分类 ·············· 16
  1.8.2 编辑辅助线 ·············· 17
  1.8.3 创建辅助线 ·············· 19
  1.8.4 应用案例——创建辅助线 ·············· 19
  1.8.5 设置辅助线 ·············· 20
1.9 网格 ·············· 21
  1.9.1 显示网格 ·············· 21
  1.9.2 网格设置 ·············· 21
1.10 设置遮罩 ·············· 21
1.11 对齐/分布对象 ·············· 22
  1.11.1 对齐对象 ·············· 22
  1.11.2 分布对象 ·············· 23
1.12 答疑解惑 ·············· 23
  1.12.1 产品原型设计 ·············· 24
  1.12.2 Axure在产品原型制作中的主要应用··· 24
1.13 总结扩展 ·············· 24
  1.13.1 本章小结 ·············· 24
  1.13.2 扩展练习——卸载Axure RP 9·············· 25

第2章 Axure RP 9的基本操作

2.1 新建文件 ·············· 26
  2.1.1 新建Axure文件 ·············· 26
  2.1.2 应用案例——新建iPhone 11 Pro尺寸
    的原型文件 ·············· 26
  2.1.3 纸张尺寸与设置 ·············· 27
  2.1.4 新建团队项目文件 ·············· 28
2.2 存储文件 ·············· 28

2.2.1 保存文件 ·············· 29
2.2.2 另存文件 ·············· 29
2.2.3 存储格式 ·············· 29
2.3 自动备份 ·············· 30
  2.3.1 启动自动备份 ·············· 30
  2.3.2 从备份中恢复 ·············· 30
2.4 打开文件 ·············· 31
  2.4.1 打开文件的方法 ·············· 31
  2.4.2 打开团队项目 ·············· 32
2.5 从RP文件导入 ·············· 32
  2.5.1 使用"从RP文件导入"命令 ··· 32
  2.5.2 应用案例——导入RP文件素材··· 32
2.6 对象的操作 ·············· 33
  2.6.1 选择对象 ·············· 33
  2.6.2 移动和缩放对象 ·············· 34
  2.6.3 旋转对象 ·············· 35
  2.6.4 复制对象 ·············· 35
  2.6.5 剪切和删除对象 ·············· 37
2.7 还原与恢复 ·············· 37
  2.7.1 撤销 ·············· 37
  2.7.2 重做 ·············· 37
2.8 答疑解惑 ·············· 38
  2.8.1 欢迎界面中的链接入口 ·············· 38
  2.8.2 导览文件和最近编辑文件 ·············· 38
2.9 总结扩展 ·············· 39
  2.9.1 本章小结 ·············· 39
  2.9.2 扩展练习——通过复制的方法
    制作水平导航 ·············· 39

第3章 页面管理

3.1 了解站点 ·············· 40
3.2 管理页面 ·············· 40
  3.2.1 添加页面 ·············· 40
  3.2.2 重命名页面 ·············· 42
  3.2.3 移动页面 ·············· 43
  3.2.4 查找页面 ·············· 43
3.3 编辑页面 ·············· 43
  3.3.1 使用页面编辑区 ·············· 44
  3.3.2 页面样式 ·············· 44
  3.3.3 页面说明 ·············· 48
3.4 自适应视图 ·············· 50
  3.4.1 设置自适应视图 ·············· 51
  3.4.2 应用案例——添加自适应视图··· 52
3.5 图表类型 ·············· 53
3.6 生成流程图 ·············· 53
  3.6.1 生成流程图的方法 ·············· 53

3.6.2 应用案例——生成流程图 ········· 54
3.7 绘画工具 ································ 54
　3.7.1 绘制图形 ························· 54
　3.7.2 转换锚点类型 ··················· 55
　3.7.3 编辑绘画工具 ··················· 56
　3.7.4 应用案例——使用绘画工具绘制
　　　　图形 ··························· 57
3.8 组合对象 ································ 58
　3.8.1 组合对象的方法 ················· 58
　3.8.2 取消组合 ······················· 59
3.9 锁定对象 ································ 59
3.10 隐藏对象 ······························ 60
3.11 答疑解惑 ······························ 61
　3.11.1 保留页面文件的旧版本 ········· 61
　3.11.2 如何处理原型中的文字在不同
　　　　　浏览器上效果不一样的情况？ ··· 62
3.12 总结扩展 ······························ 62
　3.12.1 本章小结 ······················· 62
　3.12.2 扩展练习——使用元件制作一个
　　　　　标签面板 ····················· 63

第4章 使用元件

4.1 "元件"面板 ···························· 64
4.2 基本元件 ································ 65
　4.2.1 矩形 ··························· 65
　4.2.2 图片 ··························· 66
　4.2.3 占位符 ························· 68
　4.2.4 按钮 ··························· 68
　4.2.5 标题 ··························· 68
　4.2.6 文本标签和文本段落 ············· 69
　4.2.7 应用案例——制作商品购买页 ····· 69
　4.2.8 水平线和垂直线 ················· 70
　4.2.9 热区 ··························· 70
　4.2.10 动态面板 ······················ 71
　4.2.11 应用案例——使用动态面板显示
　　　　　隐藏对象 ····················· 73
　4.2.12 内联框架 ······················ 74
　4.2.13 中继器 ························· 75
　4.2.14 应用案例——使用中继器制作
　　　　　活动列表页 ··················· 75
4.3 表单元件 ································ 76
　4.3.1 文本框 ························· 76
　4.3.2 文本域 ························· 77
　4.3.3 下拉列表 ······················· 78
　4.3.4 列表框 ························· 79
　4.3.5 复选框 ························· 79
　4.3.6 单选按钮 ······················· 80
　4.3.7 应用案例——制作淘宝会员
　　　　　登录页 ······················· 80
4.4 菜单|表格元件 ·························· 81

4.4.1 树 ······························ 81
4.4.2 应用案例——美化树状菜单
　　　的图标 ··························· 82
4.4.3 表格 ···························· 83
4.4.4 水平菜单 ························· 84
4.4.5 垂直菜单 ························· 85
4.5 标记元件 ································ 86
　4.5.1 快照 ··························· 86
　4.5.2 水平箭头和垂直箭头 ············· 87
　4.5.3 便签 ··························· 87
　4.5.4 圆形标记和水滴标记 ············· 88
4.6 流程图 ·································· 88
　4.6.1 矩形和矩形组 ··················· 89
　4.6.2 应用案例——设计制作手机产业
　　　　流程图 ························· 89
　4.6.3 圆角矩形和圆角矩形组 ··········· 90
　4.6.4 斜角矩形和菱形 ················· 90
　4.6.5 文件和文件组 ··················· 90
　4.6.6 括弧 ··························· 91
　4.6.7 半圆形 ························· 91
　4.6.8 三角形 ························· 91
　4.6.9 梯形 ··························· 91
　4.6.10 椭圆形 ························· 92
　4.6.11 六边形 ························· 92
　4.6.12 平行四边形 ····················· 92
　4.6.13 角色 ··························· 92
　4.6.14 数据库 ························· 92
　4.6.15 快照 ··························· 92
　4.6.16 图片 ··························· 92
　4.6.17 新增流程图元件 ················· 93
4.7 图标元件 ································ 93
4.8 Sample UI Patterns ····················· 94
　4.8.1 按功能分组 ····················· 94
　4.8.2 应用案例——制作手风琴效果
　　　　的展示图片 ····················· 95
4.9 答疑解惑 ································ 96
　4.9.1 如何制作树状菜单元件的图标 ····· 96
　4.9.2 尽量用一个元件完成功能 ········· 96
4.10 总结扩展 ······························ 96
　4.10.1 本章小结 ······················· 96
　4.10.2 扩展练习——设计制作注册页原型··· 97

第5章 元件的属性与样式

5.1 元件的转换 ······························ 98
　5.1.1 转换为形状 ····················· 98
　5.1.2 转换为图片 ····················· 99
5.2 元件的属性 ······························ 99
　5.2.1 元件说明 ······················· 100
　5.2.2 编辑元件 ······················· 100
　5.2.3 元件的运算 ····················· 101
　5.2.4 应用案例——制作八卦图形 ········· 102

5.2.5 元件提示 ················ 103
5.3 元件的样式 ················ 104
  5.3.1 位置和尺寸 ············· 104
  5.3.2 不透明性 ·············· 104
  5.3.3 排版 ················· 105
  5.3.4 填充 ················· 108
  5.3.5 线段 ················· 111
  5.3.6 阴影 ················· 113
  5.3.7 圆角 ················· 113
  5.3.8 边距 ················· 114
  5.3.9 应用案例——为商品列表添加
      样式 ················· 114
  5.3.10 数据集 ·············· 115
5.4 创建和管理样式 ············· 116
  5.4.1 创建元件样式 ··········· 116
  5.4.2 应用案例——创建元件样式 ··· 117
  5.4.3 应用案例——应用元件样式 ··· 118
  5.4.4 样式的编辑与修改 ········· 119
5.5 格式刷 ·················· 120
  5.5.1 使用"格式刷"命令 ········ 120
  5.5.2 应用案例——使用格式刷为表格
      添加样式 ··············· 121
5.6 元件的管理 ··············· 121
5.7 答疑解惑 ················· 122
  5.7.1 制作页面前的准备工作 ······ 122
  5.7.2 使用字体图标而不是图片 ····· 123
5.8 总结扩展 ················· 123
  5.8.1 本章小结 ·············· 123
  5.8.2 扩展练习——制作热门车型
      列表页 ················ 123

第6章 母版与第三方元件库

6.1 母版的概念 ··············· 125
  6.1.1 母版的应用 ············· 125
  6.1.2 使用母版的好处 ·········· 126
6.2 "母版"面板 ··············· 126
  6.2.1 添加母版 ·············· 126
  6.2.2 添加文件夹 ············· 127
  6.2.3 查找母版 ·············· 127
6.3 创建与编辑母版 ············· 128
  6.3.1 创建母版 ·············· 128
  6.3.2 应用案例——新建iOS系统母版 ··· 128
  6.3.3 创建子母版 ············· 129
  6.3.4 应用案例——新建iOS系统布局
      母版 ················· 129
  6.3.5 删除母版 ·············· 130
6.4 转换为母版 ··············· 130
6.5 母版的使用情况 ············· 131
  6.5.1 拖放行为 ·············· 131
  6.5.2 添加到页面中 ··········· 134

6.5.3 从页面中移除 ··········· 135
  6.5.4 使用情况报告 ··········· 135
6.6 使用第三方元件库 ··········· 135
  6.6.1 下载元件库 ············· 135
  6.6.2 载入元件库 ············· 136
  6.6.3 移除元件库 ············· 137
6.7 创建元件库 ··············· 137
  6.7.1 了解元件库界面 ·········· 137
  6.7.2 应用案例——创建图标元件库 ····· 138
  6.7.3 元件库的图标样式 ········· 139
  6.7.4 编辑元件库 ············· 139
  6.7.5 添加图片文件夹 ·········· 140
6.8 答疑解惑 ················· 140
  6.8.1 不要复制对象,而是转换为母版 ··· 140
  6.8.2 如何将较大的组合转换为母版 ··· 141
6.9 总结扩展 ················· 141
  6.9.1 本章小结 ·············· 141
  6.9.2 扩展练习——创建微信元件库 ··· 141

第7章 简单交互设计

7.1 了解"交互"面板 ··········· 142
7.2 页面交互基础 ·············· 143
  7.2.1 页面交互事件 ··········· 143
  7.2.2 打开链接 ·············· 144
  7.2.3 应用案例——打开页面链接 ··· 145
  7.2.4 关闭窗口 ·············· 146
  7.2.5 在框架中打开链接 ········· 146
  7.2.6 滚动到元件 ············· 147
7.3 元件交互基础 ·············· 147
  7.3.1 元件交互事件 ··········· 147
  7.3.2 显示/隐藏 ·············· 148
  7.3.3 应用案例——设计制作显示/隐藏
      图片 ················· 150
  7.3.4 应用案例——为"动态面板"元件
      添加样式 ··············· 151
  7.3.5 应用案例——制作轮播图 ····· 152
  7.3.6 设置文本 ·············· 152
  7.3.7 设置面板状态 ··········· 153
  7.3.8 应用案例——为元件添加文本 ··· 154
  7.3.9 应用案例——制作按钮交互状态 ··· 154
  7.3.10 设置选中 ············· 155
  7.3.11 启用/禁用 ············· 156
  7.3.12 移动 ················ 156
  7.3.13 应用案例——设计制作切换案例 ··· 156
  7.3.14 旋转 ················ 157
  7.3.15 应用案例——制作抽奖幸运转盘 ··· 157
  7.3.16 设置尺寸 ············· 158
  7.3.17 置于顶层/底层 ·········· 158
  7.3.18 设置不透明 ··········· 158
  7.3.19 获取焦点 ············· 159
  7.3.20 展开/收起树节点 ········· 159

7.4 设置交互样式 ·········· 159
   7.4.1 为元件设置交互样式 ········· 159
   7.4.2 应用案例——为元件设置交互
       样式 ················ 160
   7.4.3 应用案例——制作动态按钮 ··· 161
7.5 答疑解惑 ·············· 161
   7.5.1 如何通过"动态面板"实现焦点
       图片效果 ············· 161
   7.5.2 使用"设置尺寸"动作完成进度
       条的制作 ············· 162
7.6 总结扩展 ·············· 163
   7.6.1 本章小结 ············· 163
   7.6.2 扩展练习——设计与制作按钮交互
       样式 ················ 163

第8章 高级交互设计

8.1 变量 ················· 164
   8.1.1 全局变量 ············· 164
   8.1.2 应用案例——使用全局变量 ··· 165
   8.1.3 局部变量 ············· 166
   8.1.4 添加条件 ············· 168
   8.1.5 应用案例——设计与制作用户登录
       界面 ················ 171
   8.1.6 使用表达式 ············ 172
   8.1.7 应用案例——使用变量完成加法
       运算 ················ 172
   8.1.8 应用案例——制作滑动解锁页面 ··· 173
   8.1.9 应用案例——为滑动解锁设置
       情形 ················ 174
   8.1.10 应用案例——查看滑动解锁的
        效果 ··············· 175
8.2 中继器的组成 ··········· 175
   8.2.1 数据集 ·············· 175
   8.2.2 项目交互 ············· 175
   8.2.3 中继器元件动作 ········· 176
8.3 中继器动作 ············· 176
   8.3.1 设置分页与数量 ········· 176
   8.3.2 应用案例——使用中继器添加
       分页 ················ 177
   8.3.3 添加和移除排序 ········· 178
   8.3.4 应用案例——使用中继器设置
       排序 ················ 179
   8.3.5 添加和移除筛选 ········· 179
   8.3.6 添加和移除项目 ········· 180
   8.3.7 应用案例——使用中继器实现
       自增 ················ 180
   8.3.8 项目列表操作 ·········· 181
   8.3.9 应用案例——使用中继器显示
       页码1 ··············· 181
   8.3.10 应用案例——使用中继器显示
        页码2 ·············· 182

8.4 其他动作 ·············· 182
8.5 函数 ················· 183
   8.5.1 了解函数 ············· 183
   8.5.2 应用案例——使用时间函数 ··· 184
   8.5.3 中继器/数据集 ·········· 184
   8.5.4 元件函数 ············· 185
   8.5.5 应用案例——设计与制作宝贝
       详情页1 ·············· 185
   8.5.6 应用案例——设计与制作宝贝
       详情页2 ·············· 186
   8.5.7 页面函数 ············· 186
   8.5.8 窗口函数 ············· 187
   8.5.9 鼠标指针函数 ·········· 187
   8.5.10 应用案例——制作产品局部放大
        草图 ··············· 187
   8.5.11 应用案例——为产品局部放大
        原型添加交互1 ········· 188
   8.5.12 应用案例——为产品局部放大
        原型添加交互2 ········· 189
   8.5.13 数字函数 ············ 189
   8.5.14 字符串函数 ··········· 190
   8.5.15 数学函数 ············ 191
   8.5.16 应用案例——设计制作计算器
        效果 ··············· 192
   8.5.17 日期函数 ············ 192
   8.5.18 应用案例——使用日期函数1 ······ 194
   8.5.19 应用案例——使用日期函数2 ······ 194
8.6 答疑解惑 ·············· 195
   8.6.1 尽量使用简洁的交互效果 ···· 195
   8.6.2 什么情况下会使用全局变量 ··· 195
8.7 总结扩展 ·············· 196
   8.7.1 本章小结 ············· 196
   8.7.2 扩展练习——设计制作商品购买
       页面 ················ 196

第9章 团队合作

9.1 使用团队项目 ··········· 197
9.2 创建团队项目 ··········· 197
9.3 打开团队项目 ··········· 199
9.4 加入团队项目 ··········· 200
9.5 编辑团队项目 ··········· 201
9.6 "团队"菜单 ············ 203
9.7 Axure 云 ·············· 205
   9.7.1 创建Axure云账号 ········ 205
   9.7.2 发布到Axure云 ········· 206
9.8 答疑解惑 ·············· 208
   9.8.1 团队协作和使用版本管理工具
       的作用 ·············· 208
   9.8.2 Axure RP 9共享项目的几种页面
       状态 ················ 208

9.9 总结扩展 ·············· 208
　　9.9.1 本章小结 ····· 208
　　9.9.2 扩展练习——完成团队项目的
　　　　　签入与签出 ····· 209

第10章 发布与输出

10.1 预览原型 ·············· 210
10.2 预览选项 ·············· 211
10.3 生成器 ·············· 211
　　10.3.1 HTML生成器 ····· 212
　　10.3.2 Word生成器 ····· 214
　　10.3.3 更多生成器 ····· 216
10.4 答疑解惑 ·············· 217
　　10.4.1 制作的App原型如何在手机上
　　　　　演示 ····· 217
　　10.4.2 如何将原型导出为图片 ····· 217
10.5 总结扩展 ·············· 218
　　10.5.1 本章小结 ····· 218
　　10.5.2 扩展练习——发布一个 HTML
　　　　　文件 ····· 218

第11章 设计与制作PC端网页原型

11.1 设计与制作QQ邮箱加载页面 ····· 220
　　11.1.1 案例描述 ····· 220
　　11.1.2 案例分析 ····· 221
　　11.1.3 制作步骤 ····· 222
11.2 设计与制作新浪微博评论页面 ····· 223
　　11.2.1 案例描述 ····· 224
　　11.2.2 案例分析 ····· 224
　　11.2.3 制作步骤 ····· 225
11.3 设计与制作宝贝分类页面 ····· 226
　　11.3.1 案例描述 ····· 226
　　11.3.2 案例分析 ····· 227
　　11.3.3 制作步骤 ····· 228
11.4 设计与制作课程购买页面 ····· 229
　　11.4.1 案例描述 ····· 229
　　11.4.2 案例分析 ····· 230
　　11.4.3 制作步骤 ····· 230
11.5 设计与制作手机号码输入页面 ····· 231
　　11.5.1 案例描述 ····· 232
　　11.5.2 案例分析 ····· 232
　　11.5.3 制作步骤 ····· 233
11.6 设计与制作课程选择页面 ····· 234
　　11.6.1 案例描述 ····· 234
　　11.6.2 案例分析 ····· 235
　　11.6.3 制作步骤 ····· 236
11.7 设计与制作浏览信息页面 ····· 237
　　11.7.1 案例描述 ····· 237
　　11.7.2 案例分析 ····· 238
　　11.7.3 制作步骤 ····· 239
11.8 设计与制作重置密码页面 ····· 240
　　11.8.1 案例描述 ····· 241
　　11.8.2 案例分析 ····· 241
　　11.8.3 制作步骤 ····· 244

第12章 设计与制作移动端网页原型

12.1 设计与制作App启动页面原型 ····· 247
　　12.1.1 案例描述 ····· 247
　　12.1.2 案例分析 ····· 248
　　12.1.3 制作步骤 ····· 250
12.2 设计与制作App会员系统页面原型 ····· 251
　　12.2.1 案例描述 ····· 251
　　12.2.2 案例分析 ····· 252
　　12.2.3 制作步骤 ····· 252
12.3 设计与制作App首页原型 ····· 253
　　12.3.1 案例描述 ····· 254
　　12.3.2 案例分析 ····· 254
　　12.3.3 制作步骤 ····· 255
12.4 设计与制作App设计师页面原型 ····· 256
　　12.4.1 案例描述 ····· 256
　　12.4.2 案例分析 ····· 256
　　12.4.3 制作步骤 ····· 256
12.5 设计与制作App页面导航交互 ····· 258
　　12.5.1 案例描述 ····· 258
　　12.5.2 案例分析 ····· 258
　　12.5.3 制作步骤 ····· 260
12.6 设计与制作App注册/登录页面交互 ··· 261
　　12.6.1 案例描述 ····· 262
　　12.6.2 案例分析 ····· 262
　　12.6.3 制作步骤 ····· 262
12.7 设计与制作App主页面交互 ····· 263
　　12.7.1 案例描述 ····· 264
　　12.7.2 案例分析 ····· 264
　　12.7.3 制作步骤 ····· 266
附录A Axure RP 9常用快捷键 ····· 268
附录B Axure RP 9与Photoshop ····· 270
附录C Axure RP 9与HyperSnap ····· 273

读 者 服 务

　　读者在阅读本书的过程中如果遇到问题，可以关注"有艺"微信公众号，通过微信公众号与我们取得联系。此外，通过关注"有艺"微信公众号，您还可以获取更多的新书资讯、书单推荐、优惠活动等相关信息。

扫一扫关注"有艺"

　　资源下载方法：关注"有艺"微信公众号，在"有艺学堂"的"资源下载"中获取下载链接。如果遇到无法下载的情况，可以通过以下三种方式与我们取得联系。

　　1. 关注"有艺"微信公众号，通过"读者反馈"功能提交相关信息。

　　2. 发送邮件至 art@phei.com.cn，邮件标题命名方式为"资源下载＋书名"。

　　3. 读者服务热线：（010）88254161~88254167 转 1897。

　　投稿、团购合作：请发送邮件至 art@phei.com.cn。

Point

第
1
章

熟悉 Axure RP 9

Axure RP 可以帮助网页设计师快捷、简便地创建网站构架图、原型图、操作流程图，以及进行网页交互设计，而且能够自动生成用于演示的网页文件和规格文件。本章将带领读者一起了解 Axure RP 9的基础知识。

1.1 关于Axure RP 9

Axure RP是美国Axure Software Solution公司的旗舰产品，是一款能够帮助设计师专业、快速地完成原型设计的工具，让负责定义需求和规格、设计功能和界面的设计师能够快速创建应用软件或Web网站的结构图、原型图、流程图、交互设计和规格说明文档。图1-1所示为使用Axure RP 9完成的网页原型。

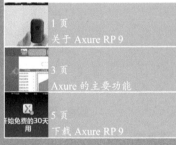

Learning Objectives
学习重点

1 页
关于 Axure RP 9

3 页
Axure 的主要功能

5 页
下载 Axure RP 9

11 页
功能区

15 页
查看视图

19 页
创建辅助线

25 页
卸载 Axure RP 9

图1-1 网页原型

 提示　简单来说，产品原型就是产品设计成形之前的一个结构框架。对于网站来说，就是将页面模块和元素进行粗放式的排版和布局，如果想要再进行一些深入设计，还可以为原型加入交互性元素，使其更加具体、形象和生动。

作为专业的原型设计工具，Axure RP比一般的创建静态原型的工具更加快速和高效，如Visio、Omnigraffle、Illustrator、Photoshop、Dreamweaver、Visual Studio和Adobe XD等工具。Axure RP 9的工作界面如图1-2所示。

图1-2 Axure RP 9的工作界面

　　Axure RP 9为用户提供了"明亮"和"黑暗"两种界面外观模式，用户可以根据要更改软件界面外观，个人的喜好选择不同的界面外观。

　　默认情况下，Axure RP 9使用"明亮"模式作为软件界面外观。执行"文件>偏好设置"命令，弹出"偏好设置"对话框，如图1-3所示，在"画布"选项卡的"外观"下拉列表框中选择"黑暗模式"选项，如图1-4所示。

图1-3 "偏好设置"对话框

图1-4 选择"黑暗模式"选项

　　"偏好设置"对话框的效果如图1-5所示。单击"完成"按钮，完成更改软件界面外观的操作，软件界面效果如图1-6所示。

图1-5 "偏好设置"对话框

图1-6 "黑暗模式"外观的软件界面

提示　　"黑暗模式"的软件界面外观更有利于将用户的注意力集中在原型制作上。但是为了获得更好的印刷效果和便于读者阅读、学习，本书将采用"明亮模式"的软件界面外观。

1.2 Axure 的主要功能

使用Axure RP 9可以在不编写任何一条HTML和JavaScript语句的情况下，通过创建文档及相关条件和注释，一键生成HTML演示页面。具体来说，就是用户可以使用Axure RP 9完成以下功能。

◀)) 网站结构图

Axure RP 9可以快速绘制树状的网站结构图，而且可以让图中的每一个页面节点直接连接到对应网页。图1-7所示为使用Axure RP 9制作的学设计网站的结构图。

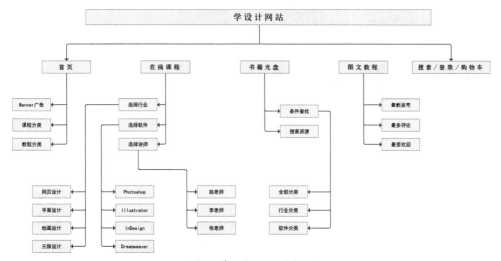

图1-7 学设计网站的结构图

◀)) 原型图

Axure RP 9中预存了许多设计师经常用到的元件，如按钮、图片、文字面板、选择钮和下拉式菜单等。使用这些元件，用户可以轻松、便捷地完成各种原型图的绘制。图1-8所示为使用Axure RP 9绘制的淘宝网草图。

根据功能和用途的不同可以将原型图分为草图、低保真原型和高保真原型；草图一般只需要绘制产品原型的基本结构；低保真原型则是在草图的基础上，进一步将产品原型的框架结构具象化；而高保真原型则是在低保真原型的基础上，为产品原型的框架结构添加交互设计。

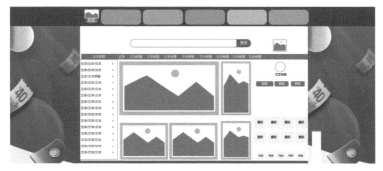

图1-8 淘宝网草图

◀)) 流程图

Axure RP 9提供了丰富的流程图元件，用户使用这些流程图元件可以很容易地绘制出流程图，并

3

轻松地在各个流程之间加入连接线且设定连接的格式。图1-9所示为使用Axure RP 9制作的"世纪天成"会员专区流程图。

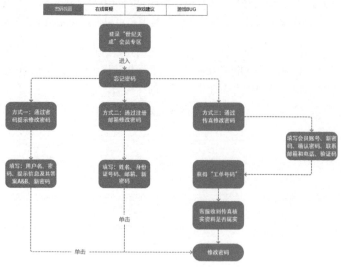

图1-9 "世纪天成"会员专区流程图

◀)) 交互设计

在Axure RP 9中，用户可以为产品原型添加交互效果来模拟实际操作，方法是通过使用"交互编辑器"对话框中的各项动作，快速地为元件添加一个或多个事件并设置相应的动作。交互事件包括单击时、滚动到元件和鼠标移出时等。图1-10所示为"交互编辑器"对话框，用户可以在其中完成为元件添加事件和动作的操作。

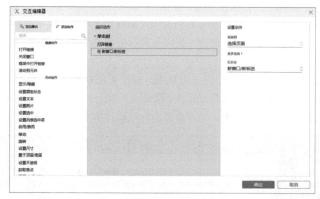

图1-10 "交互编辑器"对话框

◀)) 输出网站原型

Axure RP 9可以将产品原型直接输出为针对Internet Explorer或Google Chrome等不同浏览器的HTML项目。

◀)) 输出网站规格说明文档

Axure RP 9可以输出Word格式的文件，文件中包含了目录、网页清单、网页和附有注解的原版、注释、交互、元件特定资讯和结尾文件（如附录）等内容。用户可以依据不同的阅读对象，对规格的内容与格式进行相应的变更。

1.3　Axure RP 9的安装与启动

　　用户可以通过因特网下载Axure RP 9的安装程序，安装后即可使用该软件完成产品原型的设计与制作。

1.3.1　下载Axure RP 9

　　在开始使用Axure RP 9之前，需要先将Axure软件安装到本地计算机中，用户可以登录官方网站下载需要的软件版本。图1-11所示为Axure软件的官方网站。

图1-11 Axure 软件的官方网站

? 疑问解答　为什么需要在 Axure 软件的官方网站下载软件?

　　如果用户在第三方下载软件，下载的文件有可能会被捆绑很多垃圾软件，还有可能使计算机感染病毒。因此推荐用户在官方网站下载软件。

1.3.2　应用案例——安装Axure RP 9

　　源文件：无
　　素　材：无
　　技术要点：掌握【安装Axure RP 9】的方法

扫描查看演示视频

STEP 01 在下载文件夹中双击 AxureRP-Setup.exe 文件，弹出 "Axure RP 9 Setup" 对话框，单击 "Next"（下一步）按钮，进入如图 1-12 所示的对话框。

STEP 02 认真阅读协议后，选择 "I accept the terms in the License Agreement"（我接受许可协议的条款）复选框，单击 "Next"（下一步）按钮，进入如图 1-13 所示的对话框。

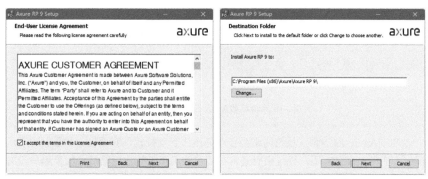

图1-12 阅读协议并同意　　　　　　　　图1-13 选择安装地址

STEP 03 单击"Change"（改变）按钮设置软件的安装地址，设置完成后单击"Next"（下一步）按钮，进入如图1-14所示的对话框，准备开始安装软件。

STEP 04 单击"Install"（安装）按钮，开始安装软件。稍等片刻，出现如图1-15所示的对话框。单击"Finish"（完成）按钮，即完成软件的安装。

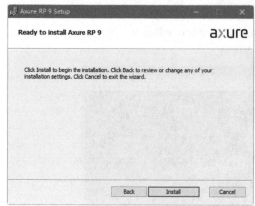
图1-14 准备开始安装软件

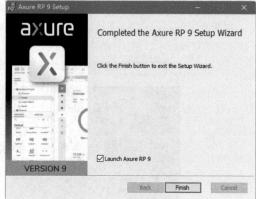
图1-15 完成软件安装

提示　在完成安装的"Axure RP 9 Setup"对话框中选择"Launch Axure RP 9"（打开 Axure RP 9）复选框，单击"Finish"（完成）按钮后，系统将立即启动 Axure RP 9 软件。

1.3.3 启动Axure RP 9

用户可以通过双击桌面上的软件启动图标，或者在"开始"菜单中选择Axure的启动选项启动软件。启动后的软件界面如图1-16所示。

图1-16 启动后的Axure RP 9界面

在第一次启动Axure RP 9时，系统通常会自动弹出"管理授权"对话框，如图1-17所示。要求用户输入被授权人信息和授权密码，授权密码通常在用户购买正版软件后获得。如果用户没有输入授权码，则软件只能使用30天，30天后将无法正常使用。

图1-17 "管理授权"对话框

提示　用户如果在软件启动时没有完成授权操作，可以执行"帮助>管理授权"命令，再次打开"管理授权"对话框，完成软件的授权操作。

　　用户在软件界面中完成产品原型的设计与制作后，可以执行"文件>退出"命令，或者单击界面右上角的×按钮，直接退出或保存文件后退出Axure RP 9软件。

1.4　Axure RP 9的操作界面

　　相对于Axure RP 8来说，Axure RP 9的工作界面发生了较大的变化，精简了很多区域，使软件操作变得更加简单和直接，同时也更方便用户使用。Axure RP 9的操作界面如图1-18所示。

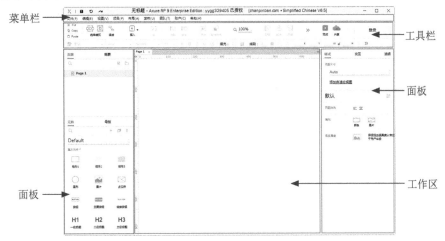

图1-18 Axure RP 9的操作界面

1.4.1　菜单栏

　　菜单栏位于软件界面的顶端，如图1-19所示，按照功能划分为9个菜单，每个菜单中包含同类的操作命令，用户可以根据要执行的操作类型在对应的菜单下选择相应的操作命令。

文件(F)　编辑(E)　视图(V)　项目(P)　布局(A)　发布(U)　团队(T)　账户(C)　帮助(H)

图1-19 菜单栏

◀)) "文件"菜单

　　该菜单下的命令可以实现文件的基本操作，如新建、打开、保存和打印等功能。图1-20所示为单击"文件"菜单后打开的下拉菜单。

7

🔊 "编辑"菜单
···

该菜单下包含了软件操作过程中的一些编辑命令，如复制、粘贴、全选和删除等功能。图1-21所示为单击"编辑"菜单后打开的下拉菜单。

🔊 "视图"菜单
···

该菜单下包含了与软件视图显示相关的所有命令，如工具栏、功能区和显示背景等功能。图1-22所示为单击"视图"菜单后打开的下拉菜单。

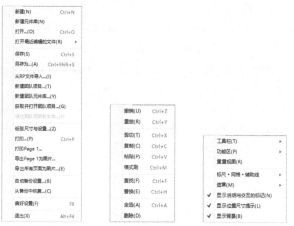

图1-20 "文件"菜单　图1-21 "编辑"菜单　图1-22 "视图"菜单

🔊 "项目"菜单
···

该菜单下主要包含了与项目有关的命令，如元件样式管理器、全局变量和自适应视图等功能。图1-23所示为单击"项目"菜单后打开的下拉菜单。

🔊 "布局"菜单
···

该菜单下主要包含了与页面布局有关的命令，如对齐、组合、分布和锁定等功能。图1-24所示为单击"布局"菜单后打开的下拉菜单。

🔊 "发布"菜单
···

该菜单下主要包含了与原型发布有关的命令，如预览、预览选项和生成HTML文件等功能。图1-25所示为单击"发布"菜单后打开的下拉菜单。

图1-23 "项目"菜单　　图1-24 "布局"菜单　　　图1-25 "发布"菜单

🔊 "团队"菜单
···

该菜单下主要包含了与团队协作相关的命令，如从当前文件创建团队项目、获取并打开团队项目、签入全部和签出全部等命令。图1-26所示为单击"团队"菜单后打开的下拉菜单。

🔊)) "账户"菜单
....
该菜单下的命令可以帮助用户登录Axure的个人账号，获得Axure的专业服务。图1-27所示为单击"账户"菜单后打开的下拉菜单。

🔊)) "帮助"菜单
....
该菜单下主要包含了与帮助有关的命令，如在线培训和在线帮助等命令。图1-28所示为单击"帮助"菜单后打开的下拉菜单。

图1-26 "团队"菜单　　图1-27 "账户"菜单　　图1-28 "帮助"菜单

1.4.2 工具栏

Axure RP 9中的工具栏由上半部的基本工具和下半部的样式工具两部分组成，如图1-29所示。下面针对基本工具的按钮进行简单介绍，每个基本工具的具体使用方法将在本书的后面章节中详细讲解。

基本工具

图1-29 工具栏

样式工具

- ⬤ Cut（剪切）：单击将剪切当前所选对象。
- ⬤ Copy（复制）：单击将复制当前所选对象到剪贴板中。
- ⬤ Paste（粘贴）：单击将剪贴板中的复制对象粘贴到页面中。
- ⬤ 选择模式：有两种选择模式，分别是相交选中和包含选中。在相交选中模式下，只要选取框与对象交叉即可将其选中，如图1-30所示；而在包含选中模式下，只有选取框将对象全部框选时，才能将其选中，如图1-31所示。

图1-30 相交选中

图1-31 包含选中

- ⬤ 连接：使用该工具可以将流程图元件连接起来，形成完整的流程图，如图1-32所示。
- ⬤ 插入：单击该图标右侧的下拉按钮，可以打开如图1-33所示的下拉列表框，单击其中的图标可以在原型中插入绘画、矩形、圆形、线段、文本、图片和形状等内容。

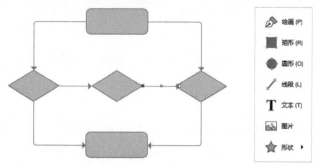

图1-32 连接流程图　　　　　　　　图1-33 "插入"下拉列表框

● 点：使用绘画工具绘制图形或将元件转为自定义形状后，使用点工具可以完成对图形锚点的调整，从而获得更多的图形效果。

● 顶层：当页面中同时有两个以上的元件时，可以通过单击该按钮，将选中的元件移动到其他元件顶部。

● 底层：当页面中同时有两个以上的元件时，可以通过单击该按钮，将选中的元件移动到其他元件底部。

● 组合：同时选中多个元件，单击该按钮，可以将多个元件组合成一个元件参与制作。

● 取消组合：单击该按钮可以取消组合操作，组合对象中的每一个元件将变回单个对象。

● 缩放：在该下拉列表框中，用户可以选择视图的缩放比例，范围为10%~400%。其作用是查看不同尺寸的文件效果。

● 对齐：同时选中2个或2个以上的对象，可以选择不同的对齐方式对齐对象。图1-34所示为工具栏中的对齐方式按钮。

● 分布：同时选中3个或3个以上的对象，可以选择水平或垂直分布对象，如图1-35所示。

图1-34 对齐对象　　　　　　　　图1-35 分布对象

● 预览：单击该按钮，当前文件将自动生成HTML预览文件。

● 共享：单击该按钮，将弹出"发布项目"对话框，如图1-36所示，在其中填写信息后单击"发布"按钮，项目将自动发布到Axure云上。此时用户将获得一个Axure提供的地址，用户可以随时使用地址中的项目，以便在不同的设备上测试效果。

● 登录：单击该按钮，将弹出"登录"对话框，如图1-37所示，用户可以选择输入邮箱地址和密码登录或者重新注册一个新账号。登录后能获得更多官方的制作素材和技术支持。

图1-36 "发布项目"对话框　　　　　　　图1-37 "登录"对话框

　　在Axure RP 9的软件界面左上角，除了Axure RP 9的图标，还有保存、撤销和重做3个常用的操作按钮，如图1-38所示。

图1-38 操作按钮

● 保存：单击该按钮即可将当前文档保存。

● 撤销：单击该按钮将撤销最后进行的一步操作。

● 重做：单击该按钮将再次执行前一步的操作。

1.4.3 功能区

在Axure RP 9中共为用户提供了7个功能面板，分别是页面、概要、元件、母版、样式、交互和说明。默认情况下，这7个面板分为两组，分别排列于视图的左右两侧，如图1-39所示。

图1-39 面板的默认分布

● 页面：在该面板中可以完成有关页面的所有操作，如新建页面、删除页面和查找页面等，如图1-40所示。

● 概要：该面板用来显示当前页面中的所有元件，如图1-41所示。用户可以很方便地在该面板中找到元件并对其进行各种操作。

图1-40 "页面"面板   图1-41 "概要"面板

● 元件：在该面板中保存着Axure RP 9的所有元件，如图1-42所示。用户可以在该面板中完成元件库的创建、下载和载入等操作。

● 母版：该面板用来显示页面中所有的母版文件，如图1-43所示。用户可以在该面板中完成有关母版的各种操作。

图1-42 "元件"面板　　　　图1-43 "母版"面板

- 样式：在该面板中可以为大部分的元件设置效果样式，可设置的效果样式参数会根据当前所选元件而改变，如图1-44所示。
- 交互：用户可以在该面板中为所选元件添加各种交互效果。图1-45所示为没有添加任何交互效果的初始面板。
- 说明：在该面板中，可以通过为元件添加说明，帮助其他用户理解原型的功能，如图1-46所示。

图1-44 "样式"面板　　　图1-45 "交互"面板　　　图1-46 "说明"面板

在面板名称上双击，即可实现面板的展开和收缩，如图1-47所示。这样便于用户在不同情况下最大化地显示某个面板，便于操作。拖曳面板组的边界，可以任意调整面板的宽度，最终获得用户满意的视图效果，如图1-48所示。

图1-47 展开和收缩面板　　　　　　　图1-48 拖动调整面板宽度

将光标移动到面板名称处，按住鼠标左键并拖曳，即可将面板转换为浮动状态，如图1-49所示。拖动一个浮动面板到另一个浮动面板上，即可将两个面板合并为一个面板组，如图1-50所示。用户可以根据个人的操作习惯，选择2个或3个面板进行自由组合，以获得更为个性化的工作界面。

图1-49 拖曳创建浮动面板　　　　　　　　图1-50 组合面板

单击浮动面板或面板组右上角的 ✕ 按钮，可关闭当前面板或面板组。在浮动面板或面板组顶部的灰色区域按下鼠标左键将其拖曳到界面的两侧，可将该面板的浮动状态转换为固定状态。

如果想要再次显示已关闭的面板，可以执行"视图>功能区"命令，在打开的子菜单中选择想要显示的面板，即可再次显示该面板，如图1-51所示。

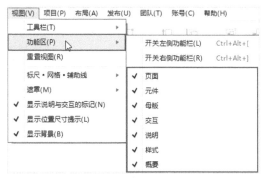

图1-51 执行命令显示面板

用户有时需要更大的空间显示原型，执行"视图>功能区>开关左侧功能栏"或"视图>功能区>开关右侧功能栏"命令，可以隐藏左右两侧的面板。

图1-52所示为隐藏左右两侧所有面板后的工作区视图。再次执行相同的命令，可将隐藏面板调整为显示状态，如图1-53所示。

图1-52 隐藏两侧功能栏　　　　　　　　图1-53 显示两侧功能栏

提示　　用户可以通过按【Ctrl+Alt+[】组合键快速开关左侧功能栏，按【Ctrl+Alt+]】组合键快速开关右侧功能栏。

1.4.4 工作区

工作区是Axure RP 9创建原型的设计区域。当用户新建一个页面后，在工作区的左上角将显示页面的名称，如图1-54所示。如果用户同时打开了多个页面文件，则工作区将以标签的形式将所有页面排列在一起，如图1-55所示。

图1-54 页面的名称　　　　图1-55 多个页面文件

提示　　单击页面名称即可快速切换到对应页面中。通过拖曳页面的方式，可以调整页面显示的顺序。单击页面名称右侧的 × 图标，即可关闭对应文件。

当页面过多时，用户可以通过单击工作区右上角的"选择和管理标签"按钮，如图1-56所示，在打开的下拉菜单中选择相应的命令，执行关闭当前标签、关闭全部标签和跳转到其他页面等操作，如图1-57所示。

图1-56 单击"选择和管理标签"按钮　　　　图1-57 下拉菜单

1.5 Axure RP 9的帮助资源

用户在使用Axure RP 9软件的过程中，如果遇到问题，可以通过"帮助"菜单解决部分常见问题，如图1-58所示。

图1-58 "帮助"菜单

初学者可以执行"帮助>在线培训"命令，进入Axure RP 9的教学频道，跟着网站中的视频学习软件的使用方法，如图1-59所示。

执行"帮助>在线帮助"命令，可以解决操作中遇到的一些问题，如图1-60所示。执行"帮助>官方论坛"命令，可以快速加入Axure大家庭，与世界各地的Axure用户分享软件的使用心得。

图1-59 "在线培训"页面

图1-60 "在线帮助"页面

　　用户在软件的使用过程中如果遇到一些软件缺陷，或者想提出一些建议，可以执行"帮助＞提交反馈"命令，在弹出的"提交反馈"对话框中填写相关信息，如图1-61所示。单击"提交"按钮，将意见和错误信息发送给软件开发者，以便共同提高软件的稳定性和安全性。

　　执行"帮助＞欢迎界面"命令，可以再次打开欢迎界面，方便用户快速创建和打开文件，如图1-62所示。

图1-61 "提交反馈"对话框

图1-62 欢迎界面

1.6 查看视图

　　在设计制作一个大型的产品原型时，常常要查看页面的全景或者局部，这就需要用户掌握查看视图的方法和技巧。

应用案例——查看视图

源文件：无

素　材：资源包\素材\第1章\1-6-1.rp

技术要点：掌握【放大和缩小视图】的方法

扫描查看演示视频　扫描下载素材

STEP 01 执行"文件＞打开"命令，打开"素材\第 1 章\1-6-1.rp"文件，单击工具栏上的"缩放"按钮，选择缩放比例为 200%，页面显示效果如图 1-63 所示。

STEP 02 按住键盘上的空格键，使用鼠标拖曳页面，实现水平方向查看页面，如图 1-64 所示，将页面置于工作区的中心位置。

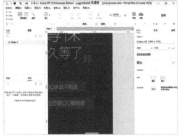
图1-63 页面显示效果

图1-64 水平方向查看页面

STEP 03 滑动鼠标上的滚轮，实现垂直方向查看页面，如图1-65所示。

STEP 04 再次单击"缩放"图标，选择缩放比例为100%，页面显示效果如图1-66所示。

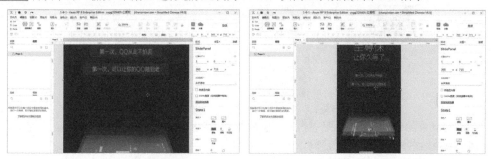

图1-65 垂直方向查看页面　　　　　　　　　　　　图1-66 页面显示效果

1.7　标尺

Axure RP 9的标尺默认出现在工作区的左侧和顶部，单位为像素，如图1-67所示。使用标尺可以帮助用户更加精准地设计作品。

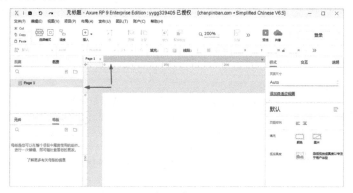

图1-67 标尺

1.8　辅助线

为了方便用户设计制作产品原型，Axure RP 9为用户提供了标尺、辅助线和网格等辅助工具。合理地使用这些工具，可以帮助用户及时、准确地完成原型设计工作。接下来详细介绍辅助线的使用方法。

1.8.1　辅助线的分类

在Axure RP 9中，按照辅助线的不同功能可将辅助线分为"全局辅助线""页面辅助线""页面尺寸辅助线""打印辅助线"4种类型。

🔊》 全局辅助线

全局辅助线作用于站点中的所有页面，包括新建的页面。将鼠标光标移动到标尺上，按住【Ctrl】键的同时向外拖曳，即可创建全局辅助线。默认情况下，全局辅助线为紫红色，如图1-68所示。

🔊》 页面辅助线

将鼠标光标移动到标尺上向外拖曳创建的辅助线，被称为"页面辅助线"。页面辅助线只作用于当前页面，默认情况下，页面辅助线为青色，如图1-69所示。

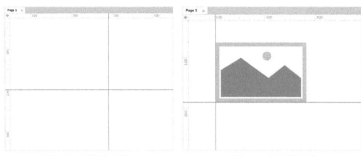

图1-68 全局辅助线　　　　　　　　图1-69 页面辅助线

◄)) 页面尺寸辅助线

　　新建页面时，在"样式"面板中选择预设或者输入数值后，页面高度位置将会出现一条虚线，这就是页面尺寸辅助线，如图1-70所示。页面尺寸辅助线的主要作用是帮助用户了解页面第一屏的范围。

图1-70 页面尺寸辅助线

◄)) 打印辅助线

　　打印辅助线可以方便用户准确地观察页面效果，以便于用户正确地打印页面。当用户设置了纸张尺寸后，页面中会显示打印辅助线。

　　默认情况下，打印辅助线为隐藏状态，执行"布局>栅格和辅助线>显示打印辅助线"命令，如图1-71所示，即可将打印辅助线显示在页面中。默认情况下，打印辅助线为灰色，如图1-72所示。

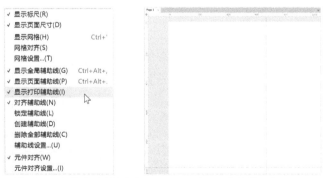

图1-71 选择"显示打印辅助线"命令　　　　图1-72 打印辅助线

1.8.2 编辑辅助线

　　创建辅助线后，用户可以根据需要对辅助线进行编辑操作，包括移动辅助线、删除辅助线、锁定辅助线和对齐辅助线。

◀》) 移动辅助线

　　将鼠标光标移动到辅助线上，当光标形状变成✛时，按住鼠标左键并拖曳辅助线，即可移动辅助线。需要注意的是，打印辅助线只能通过重新设置才能改变位置，不能通过直接拖曳实现位置的移动。

◀》) 删除辅助线

　　单击或拖曳选中要删除的辅助线，按【Delete】键，即可将该辅助线删除。也可以直接选中辅助线并将其拖曳到标尺上进行删除。

　　执行"视图>标尺·网格·辅助线>删除全部辅助线"命令，如图1-73所示，或者在页面中单击鼠标右键，在弹出的快捷菜单中选择"标尺·网格·辅助线>删除全部辅助线"命令，如图1-74所示，即可将页面中所有的辅助线删除。

图1-73 执行命令　　　图1-74 执行快捷菜单命令

 提示　在想要删除的辅助线上单击鼠标右键，在弹出的快捷菜单中选择"删除"命令，即可将当前所选辅助线删除。

◀》) 锁定辅助线

　　为了避免辅助线移动影响原型的准确度，用户可以将设置好的辅助线锁定。

　　执行"视图>标尺·网格·辅助线>锁定辅助线"命令，或者在页面中单击鼠标右键，在弹出的快捷菜单中选择"标尺·网格·辅助线>锁定辅助线"命令，将页面中所有的辅助线锁定，如图1-75所示。再次执行该命令，将会解锁所有辅助线，如图1-76所示。

◀》) 对齐辅助线

　　执行"视图>标尺·网格·辅助线>对齐辅助线"命令，或者在页面中单击鼠标右键，在弹出的快捷菜单中选择"标尺·网格·辅助线>对齐辅助线"命令，如图1-77所示，移动对象时会自动对齐到辅助线。

图1-75 选择"锁定辅助线"命令 图1-76 解锁辅助线 图1-77 选择"对齐辅助线"命令

1.8.3　创建辅助线

在Axure RP 9中，有两种创建辅助线的方法：第一种方法是手动创建辅助线，第二种方法是执行命令自动创建辅助线。

将鼠标光标移至顶部标尺上方，按下左键并向下拖曳即可创建水平方向的辅助线，如图1-78所示。将鼠标光标移至左侧标尺上方，按下左键并向右拖曳即可创建垂直方向的辅助线，如图1-79所示。

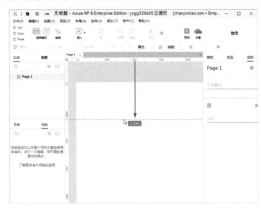 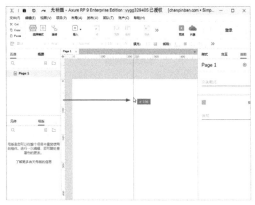

图1-78 创建水平方向的辅助线　　　　　　　　图1-79 创建垂直方向的辅助线

手动创建辅助线虽然十分便捷，但是创建时对精度的把握不够准确，如果遇到精度要求极高的项目会显得力不从心。这时，用户可以通过"创建辅助线"命令创建位置精准的辅助线。

1.8.4　应用案例——创建辅助线

源文件：无
素　材：无
技术要点：掌握【创建辅助线】的方法

扫描查看演示视频

STEP 01 执行"文件 > 新建"命令，新建一个 Axure 文件。

STEP 02 执行"视图 > 标尺·网格·辅助线 > 创建辅助线"命令，或者在页面中单击鼠标右键，在弹出的快捷菜单中选择"标尺·网格·辅助线 > 创建辅助线"命令，如图 1-80 所示。弹出"创建辅助线"对话框，如图 1-81 所示。

图1-80 选择"创建辅助线"命令　　　　　　　图1-81 "创建辅助线"对话框

STEP 03 在"预设"下拉列表框中选择"960 像素 网格：16 列"选项，如图 1-82 所示。

STEP 04 "创建为全局辅助线"复选框的默认状态为选中，可以使辅助线出现在所有页面中，供团队中的所有成员使用。单击"确定"按钮，页面效果如图 1-83 所示。

图1-82 设置预设参数　　　　　　图1-83 完成辅助线的创建

1.8.5 设置辅助线

为了方便用户在使用辅助线时不遮挡视线，可将辅助线设置为底层显示。执行"视图>标尺·网格·辅助线>辅助线设置"命令，或者在页面中单击鼠标右键，在弹出的快捷菜单中选择"标尺·网格·辅助线>辅助线设置"命令，弹出"偏好设置"对话框，如图1-84所示。

默认情况下，辅助线显示在页面的顶层，选择"底层显示辅助线"复选框，辅助线将显示在页面的底层，如图1-85所示。

图1-84 "偏好设置"对话框　　　　图1-85 底层显示辅助线

在"偏好设置"对话框中选择"始终在标尺中显示位置"复选框，软件界面的标尺上将自动显示辅助线的坐标位置，如图1-86所示。

为了防止用户混淆多种辅助线，Axure RP 9允许用户为不同种类的辅助线指定不同的颜色，用户可以根据需求在"样式"选项组中分别设置4种辅助线的颜色。单击色块，在打开的拾色器面板中选择颜色，即可完成辅助线颜色的修改，如图1-87所示。

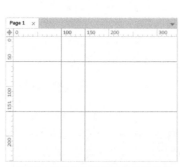

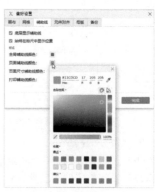

图1-86 在标尺中显示辅助线的位置　　　图1-87 设置辅助线颜色

1.9 网格

使用网格可以帮助用户保持设计的整洁和结构化。例如，设置网格为10px×10px，然后以10的倍数为基准来创建对象，将这些对象放在网格上时，会更容易对齐。当然，也允许那些需要不同尺寸的特殊对象偏离网格。

1.9.1 显示网格

默认情况下，页面中不会显示网格。用户可以执行"视图>标尺·网格·辅助线>显示网格"命令，或者在页面中单击鼠标右键，在弹出的快捷菜单中选择"标尺·网格·辅助线>显示网格"命令，如图1-88所示。页面中网格的显示效果如图1-89所示。

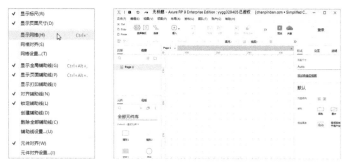

图1-88 选择"显示网格"命令　　　　图1-89 网格显示效果

1.9.2 网格设置

可以执行"视图>标尺·网格·辅助线>网格设置"命令，或者在页面中单击鼠标右键，在弹出的快捷菜单中选择"标尺·网格·辅助线>网格设置"命令，在弹出的"偏好设置"对话框中设置网格的各项参数，如图1-90所示。

可以在"间距"文本框中设置网格的间距；在"样式"选项组中设置网格的样式为线段或交点；在"颜色"选项下设置网格的颜色。

可以执行"视图>标尺·网格·辅助线>网格对齐"命令，或者在页面中单击鼠标右键，在弹出的快捷菜单中选择"标尺·网格·辅助线>网格对齐"命令，如图1-91所示，移动对象时会自动对齐网格。

图1-90 网格偏好设置　　　　　　图1-91 选择"网格对齐"命令

1.10 设置遮罩

Axure RP 9中提供了很多特殊的元件，如热区、母版、动态面板、中继器和文本链接等。当用户使用这些元件时，会以一种特殊的形式显示，如图1-92所示。当用户将页面中的元件隐藏时，被隐藏的对象默认以一种半透明的黄色显示，如图1-93所示。

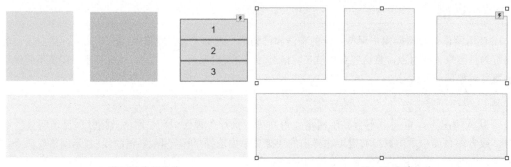

图1-92 使用元件   图1-93 隐藏元件

如果用户觉得这种遮罩效果会影响操作，可以执行"视图>遮罩"命令，在打开的子菜单中选择对应的命令，取消遮罩效果，如图1-94所示。

图1-94 设置遮罩

1.11 对齐/分布对象

当设计制作的产品原型文档中拥有多个对象时，为了保证效果，通常需要执行对齐和分布操作。

1.11.1 对齐对象

选择两个或两个以上的对象，执行"布局>对齐"命令，或者单击工具栏上的"对齐"按钮，在打开的对齐菜单中选择需要的对齐方式，如图1-95所示。

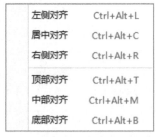

图1-95 对齐方式

● 左侧对齐：所选对象以顶部对象为参照，全部左侧对齐，如图1-96所示。
● 居中对齐：所选对象以顶部对象为参照，全部垂直居中对齐，如图1-97所示。
● 右侧对齐：所选对象以顶部对象为参照，全部右侧对齐，如图1-98所示。

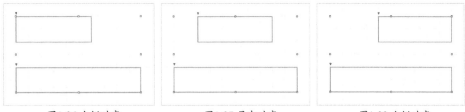

　　图1-96 左侧对齐　　　　　　　　图1-97 居中对齐　　　　　　　　图1-98 右侧对齐

● 顶部对齐：所选对象以左侧对象为参照，全部顶部对齐，如图1-99所示。
● 中部对齐：所选对象以左侧对象为参照，全部水平居中对齐，如图1-100所示。
● 底部对齐：所选对象以左侧对象为参照，全部底部对齐，如图1-101所示。

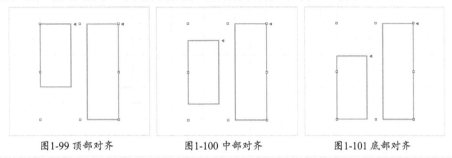

　　图1-99 顶部对齐　　　　　　　图1-100 中部对齐　　　　　　　图1-101 底部对齐

1.11.2 分布对象

　　选择3个以上的对象，执行"布局>分布"命令，或者单击工具栏上的"分布"按钮，在打开的分布菜单中选择需要的分布方式，如图1-102所示。

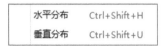

图1-102 分布方式

● 水平分布：将选中的对象以左右两个对象为参照水平均匀排列，如图1-103所示。
● 垂直分布：将选中的对象以上下两个对象为参照垂直均匀排列，如图1-104所示。

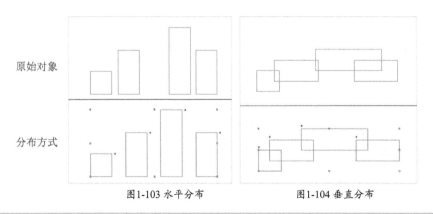

　　图1-103 水平分布　　　　　　　　　　图1-104 垂直分布

1.12　答疑解惑

　　Axure RP 9主要用来制作产品原型，在开始学习如何制作产品原型之前，用户需要了解原型的概念及Axure RP 9的应用领域。

1.12.1　产品原型设计

产品原型是用线条和图形描绘出的产品框架，原型设计是综合考虑产品目标、功能需求场景和用户体验等因素，对产品的各版块、界面和元素进行合理排序的过程。

对互联网行业来说，原型设计就是将页面模块、各种元素进行排版和布局，获得一个页面的草图效果，如图1-105所示，为了使页面效果更加具体、形象和生动，还会加入一些交互性元素，模拟页面的交互效果，如图1-106所示。

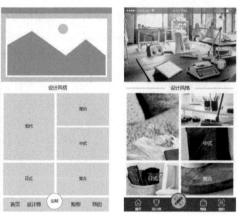

图1-105 页面草图效果　图1-106 页面交互效果

1.12.2　Axure在产品原型制作中的主要应用

Axure主要应用在产品原型制作的3个步骤中：主要页面原型设计、页面流程图制作和原型完善。

◀)) 主要页面原型设计

在进行主要页面原型设计之前，交互设计师需要一份任务流程图和一份主要功能列表。此处的任务流程图不是指"业务逻辑流程图"，而是根据"业务逻辑"产生的"任务流程"。一般由产品经理提供，主要功能列表一般也由产品经理提供。

◀)) 页面流程图制作

确定主要页面之后，开始细化页面流程。页面流程图有利于展示自己的想法，也有利于思路的整理。通过页面流程图，可以整理所有页面上的交互行为，避免遗漏；在向他人展示时，他人也可以一目了然地看出需要的操作步骤。

◀)) 原型完善

主要页面和页面流程确定之后，就可以完善原型了。这时可以同产品部的同事一起来完成原型的细节工作——为原型添加交互，增加说明和页面编码。

1.13　总结扩展

Axure RP 9是一款制作互联网产品原型的软件。本章介绍了Axure的相关知识点和使用方法，帮助读者全面了解设计与制作产品原型的基础。

1.13.1　本章小结

本章主要带领读者了解了关于Axure RP 9的一些基础知识，包括软件的主要功能、安装与启动、软件的操作界面和帮助资源等。

为了便于用户能够快速地熟练操作Axure RP 9软件，本章还对该软件的辅助操作工具和使用方法逐一进行了介绍。通过学习本章内容，读者可以为后面深层次的学习打下基础。

1.13.2　扩展练习——卸载Axure RP 9

源文件：无
素　材：无
技术要点：掌握【卸载Axure RP 9】的方法

扫描查看演示视频

如果用户不需要再使用Axure RP 9，可以选择卸载该软件，软件的卸载过程如图1-107所示。如果想要再次使用该软件，则需要再次安装。

图1-107 卸载软件

读书
笔记

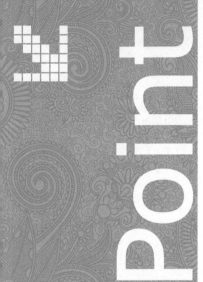

第 2 章 Axure RP 9 的基本操作

如果想要使用Axure RP 9制作出效果精美、内容丰富的原型作品，用户首先需要熟练掌握软件的基本操作方法和技巧。本章将介绍Axure RP 9的基本操作，帮助读者快速了解并熟练掌握软件的基本操作。

2.1 新建文件

在开始设计、制作原型项目之前，首先要创建一个Axure文件，确定原型的内容和应用领域，以保证最终完成内容的准确性。如果不清楚用途就贸然开始制作，既浪费时间，又可能会造成不可预估的损失。

Learning Objectives
学习重点 📈

26 页
新建 Axure 文件

26 页
新建 iPhone 11 Pro 尺寸的原型文件

27 页
纸张尺寸与设置

29 页
存储格式

32 页
从 RP 文件导入

38 页
欢迎界面中的链接入口

39 页
通过复制的方法制作水平导航

2.1.1 新建Axure文件

在Axure RP 9中可以通过以下两种方法新建文件。

◀)) **执行"文件>新建"命令新建文件**

在Axure RP 9的工作界面中，执行"文件>新建"命令，如图2-1所示，即可新建一个文件。

◀)) **使用欢迎界面新建文件**

启动Axure RP 9，弹出"欢迎使用Axure RP 9"对话框，如图2-2所示，用户可以通过单击右下角的"新建文件"按钮，新建一个Axure文件。

图2-1 执行"新建"命令

图2-2 "欢迎使用Axure RP 9"对话框

2.1.2 应用案例——新建iPhone 11 Pro尺寸的原型文件

源文件：无
素　材：无
技术要点：掌握【新建rp文件】的方法

扫描查看演示视频

STEP 01 启动 Axure RP 9，弹出"欢迎使用 Axure RP 9"对话框，单击"新建文件"按钮，如图 2-3 所示，完成新建文件的操作。

STEP 02 进入新建文件的工作界面，在工作界面的右侧选择"样式"面板，如图 2-4 所示。

图2-3 新建文件　　　　　　　　　　　　　　　　图2-4 "样式"面板

STEP 03 在"样式"面板中的"页面尺寸"输入框上单击，打开页面尺寸的下拉列表框，如图 2-5 所示。

STEP 04 选择"iPhone 11 Pro/XR/XS Max"选项，页面效果如图 2-6 所示。

图2-5 选择页面尺寸　　　　　　　　　　　　　　图2-6 页面效果

2.1.3 纸张尺寸与设置

执行"文件>纸张尺寸与设置"命令，弹出"纸张尺寸与设置"对话框，如图2-7所示。用户可以在该对话框中方便快捷地设置文件的尺寸和属性。

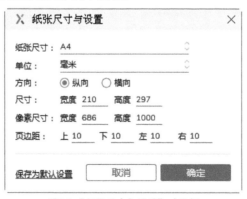

图2-7 "纸张尺寸与设置"对话框

- 纸张尺寸：可以从下拉列表框中选择预设的纸张尺寸，也可以通过选择"Custom"（自定义）选项，手动输入自定义尺寸，如图2-8所示。
- 单位：选择英寸或毫米作为宽度、高度和页边距的测量单位。
- 方向：选择纸张朝向（纵向或横向）。

- 尺寸：用来显示新建文档的物理尺寸，也可用来输入自定义的纸张宽度和高度尺寸。
- 像素尺寸：指定纸张的像素尺寸。
- 页边距：指定纸张上、下、左、右方向上的外边距值，如图2-9所示。
- 保存为默认设置：将当前参数设置为默认值，下次新建文件时自动应用。

图2-8 选择纸张尺寸

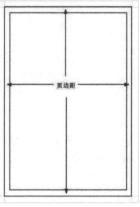

图2-9 设置页边距

 提示　像素尺寸将自动保持宽高比，其宽高比将适配为打印纸张尺寸减去页边距后的宽高比。

2.1.4 新建团队项目文件

一个大型商业项目的原型制作，通常需要多个设计师在同时段内配合完成。鉴于此，Axure RP 9为用户提供了一种团队项目的文件形式，以方便整个团队在项目中协同工作。

执行"文件>新建团队项目"命令或者执行"团队>从当前文件创建团队项目"命令，完成新建团队项目文件的操作，如图2-10所示。关于团队项目的相关知识将在本书第9章中进行详细介绍。

图2-10 从当前文件创建团队项目

2.2 存储文件

产品原型制作完成后，通常需要将文件保存，以便发布或修改。

2.2.1　保存文件

执行"文件>保存"命令，弹出"另存为"对话框，如图2-11所示。输入"文件名"，选择"保存类型"后，单击"保存"按钮，即可完成新文件的首次保存操作。

在制作原型的过程中，一定要做到经常保存，避免由于系统错误或软件错误导致软件非正常关闭，使正在进行的原型设计操作未被记录，最终造成不必要的损失。

2.2.2　另存文件

当前文件保存后，执行"文件>另存为"命令，如图2-12所示，也会弹出"另存为"对话框。执行"另存为"命令，通常是为了获得文件的副本。

图2-11　"另存为"对话框　　　　　图2-12　"另存为"命令

 用户也可以单击工具栏上的"保存"按钮或者按【Ctrl+S】组合键实现对文件的保存操作，按【Ctlr+Shift+S】组合键可以实现对文件的另存操作。

2.2.3　存储格式

Axure RP 9支持RP、RPLIB、RPTEAM和UBX共4种文件格式。不同的文件格式，其使用方式也不同，下面逐一进行介绍。

◄)) RP文件格式

RP格式的文件是用户使用Axure进行原型设计时创建的单独文件。RP格式是Axure默认的存储文件格式。以RP格式保存的原型文件，将作为一个单独文件存储在本地硬盘内，文件图标如图2-13所示。

◄)) RPLIB文件格式

RPLIB格式的文件是自定义元件库文件，该文件格式用于创建自定义的元件库。用户可以在网上下载Axure的元件库文件使用，也可以自己制作自定义元件库并将其分享给团队中的其他成员使用，文件图标如图2-14所示。

 关于元件库的使用，将在本书的第4章中详细介绍。

◄)) RPTEAM文件格式

RPTEAM格式的文件是团队协作的项目文件，通常用于团队中多人协作处理同一个较为复杂的项目。不过，制作复杂的项目时也可以选择使用团队项目，因为团队项目允许用户随时查看并恢复到项目的任意历史版本，文件图标如图2-15所示。

图2-13 RP文件图标

图2-14 RPLIB文件图标

图2-15 RPTEAM文件图标

RPTEAM文件格式的特点如下。

- 支持签入控制。
- 如果不小心弄乱了线框图，想重新制作，则可以取消签出。
- 支持版本控制和恢复到历史版本。

◀)) UBX文件格式

该文件格式是Axure RP 9中新支持的格式。UBX是一款Ubiquity浏览器插件的存储格式，能够帮助用户将想要使用的互联网服务整合到浏览器中。通过内容的切割技术从网页中提取部分信息，让用户直接通过拖曳的方式将信息嵌入可视化编辑框中，提高用户的使用效率。

2.3 自动备份

为了保证用户不会因为计算机死机或软件崩溃等问题导致未存盘而造成不必要的损失，Axure RP 9为用户提供了"自动备份"功能。该功能与Word中的自动保存功能一样，会按照用户设定的时间自动保存文档。

2.3.1 启动自动备份

执行"文件>自动备份设置"命令，弹出"偏好设置"对话框，并自动跳转到"备份"选项卡中，如图2-16所示。

图2-16 "偏好设置"对话框

在该选项卡中，"启用备份"复选框默认为选中状态，用户也可以设置备份间隔的时间，默认为15分钟。

2.3.2 从备份中恢复

如果用户在设计、制作原型的过程中出现意外，需要恢复自动备份的数据，可以执行"文件>从备份中恢复"命令，在弹出的"从备份中恢复文件"对话框中设置文件恢复的时间点，如图2-17所示。选择自动备份日期后，单击"恢复"按钮，即可完成文件的恢复操作，如图2-18所示。

图2-17 "从备份中恢复文件"对话框 图2-18 选择备份文件

2.4 打开文件

任何项目都不能一次完成,通常需要多个人多次参与。也就是说,用户通常需要频繁地打开文件,多次执行编辑操作。

2.4.1 打开文件的方法

执行"文件>打开"命令,在弹出的"打开"对话框中选择需要打开的文件,单击"打开"按钮,即可打开文件,如图2-19所示。

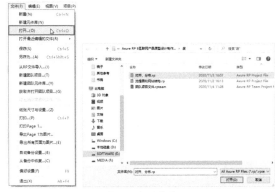

图2-19 打开文件

启动Axure RP 9时,会自动弹出"欢迎使用Axure RP 9"对话框,单击该对话框右下角的"打开文件"按钮,如图2-20所示,弹出"打开"对话框,选择需要打开的文件,单击"打开"按钮,如图2-21所示,即可将选中的文件在Axure RP 9中打开。

图2-20 "欢迎使用Axure RP 9"对话框 图2-21 "打开"对话框

用户通常会编辑多个文件,为了方便用户快速查找最近使用的文件,Axure RP 9为用户保留了最近打开的10个文件。执行"文件>打开最近编辑的文件"命令,在打开的下拉列表框中选择需要打开的文件,如图2-22所示。

图2-22 打开最近编辑的文件

当完成一个项目后，确定短期内不会再使用最近的文件后，执行"文件>打开最近编辑的文件>清空历史记录"命令，将历史记录清空，以提高软件的运行速度。

2.4.2 打开团队项目

执行"文件>获取并打开团队项目"命令，在弹出的"获取团队项目"对话框中选择团队项目，如图2-23所示。单击"获取团队项目"按钮，即可将团队项目打开，如图2-24所示。关于团队项目的相关知识，将在本书第9章中进行详细介绍。

图2-23 选择团队项目　　　　图2-24 单击"获取团队项目"按钮

2.5 从RP文件导入

对于产品经理或交互设计师来说，要充分利用已有的资源提高工作效率。利用Axure RP 9中的"从RP文件导入"命令，可以从已有文件中导入其资源。

2.5.1 使用"从RP文件导入"命令

新建一个文件，然后执行"文件>从RP文件导入"命令，可以将RP文件中的页面、母版、视图设置、生成设置、页面说明字段、元件字段与设置、页面样式、元件样式和变量等内容直接导入新建文件中，供用户再次使用。

导入资源完成后，用户可以在新建文件中设计、制作产品原型。

2.5.2 应用案例——导入RP文件素材

源文件：无

素　材：资源包\素材\第2章\2-5-2.rp

技术要点：掌握【从RP文件导入】的方法

扫描查看演示视频　扫描下载素材

STEP 01 新建一个文件，执行"文件 > 从 RP 文件导入"命令，弹出"打开"对话框，选择"素材 \ 第 2 章 \2-5-2.rp"文件，单击"打开"按钮，弹出如图 2-25 所示的对话框。

STEP 02 选择"按钮组"和"日历选择器"复选框,单击"下一项"按钮,继续在对话框中选择母版,完成后再次单击"下一项"按钮,如图 2-26 所示。

图2-25 导入页面　　　　　　　　　　　　　图2-26 导入母版

STEP 03 进入"检查导入动作"对话框,选择替换目标页面或母版。由于该页面没有其他内容需要导入,单击"跳至结束"按钮,如图 2-27 所示。

STEP 04 进入"导入摘要"对话框,如图 2-28 所示,单击"完成"按钮,完成素材的导入。

图2-27 检查导入动作　　　　　　　　　　　图2-28 导入摘要

2.6　对象的操作

新建文件后,用户可以通过单击和框选两种方式选择对象,框选方式又分为"相交选中"和"包含选中"。接下来针对文件中对象的基本操作进行学习。

2.6.1　选择对象

在产品原型的设计文件中包含多个对象,将鼠标光标移至某个对象上单击即可将其选中,如图 2-29所示。如果想要选中多个对象,在多个对象外围单击并拖曳将对象包围,即可选择多个对象,如图2-30所示。

图2-29 选择单个对象　　　　　　　　　　　图2-30 选择多个对象

2.6.2 移动和缩放对象

选中对象后，将鼠标光标移动到选中的元件上，光标会自动变为❖形状，此时按住鼠标左键并向上、下、左或右拖曳即可完成元件的移动操作。

移动对象时，会出现半透明的参照对象和坐标提示，如图2-31所示。利用这些信息可以更加精准地移动对象。

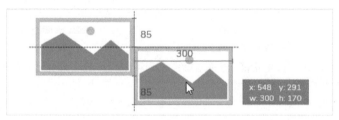

图2-31 移动对象

选中元件后，元件四周会出现4个控制点，拖动控制点可以在某一方向上任意调整元件的大小，如图2-32所示。拖曳元件四周的4个顶点，可以同时调整元件的宽度和高度，如图2-33所示。

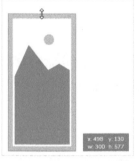
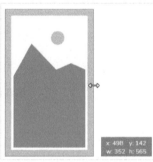
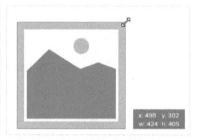

图2-32 调整大小　　　　　　　　　图2-33 同时调整宽度和高度

 在拖动顶点缩放对象时，按住【Shift】键可以保证等比例缩放对象。

用户也可以在"样式"面板中准确输入元件的坐标和尺寸，如图2-34所示。通过单击"锁定宽高比例"按钮，可以保证在输入一个数值时，另一个数值自动等比例变化，如图2-35所示。

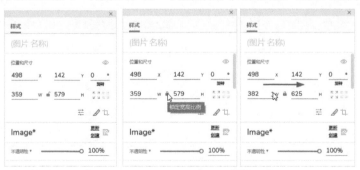

图2-34 输入坐标和尺寸　　　　　　图2-35 锁定宽高比例

2.6.3 旋转对象

如果想要对元件执行旋转操作，首先需要选中元件，按住【Ctrl】键的同时将光标移至控制点上，当光标形状变为↻时，如图2-36所示，按住鼠标左键并拖曳即可完成元件的旋转操作，如图2-37所示。

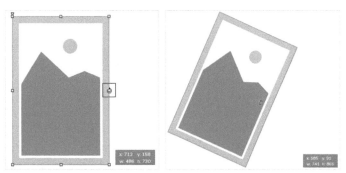

图2-36 出现旋转光标   图2-37 旋转操作

如果用户希望获得更加准确的旋转角度，可以在"样式"面板中输入元件旋转的准确角度，如图2-38所示。

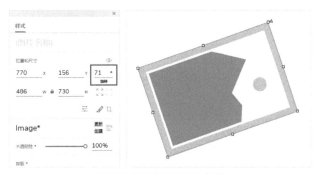

图2-38 输入准确的旋转角度

在元件上方单击鼠标右键，弹出如图2-39所示的快捷菜单。在弹出的快捷菜单中选择"变换形状>水平翻转"命令，水平翻转后的元件效果如图2-40所示。在弹出的快捷菜单中选择"变换形状>垂直翻转"命令，垂直翻转后的元件效果如图2-41所示。

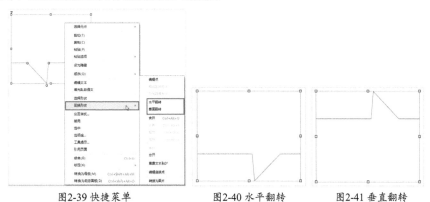

图2-39 快捷菜单   图2-40 水平翻转   图2-41 垂直翻转

2.6.4 复制对象

选中对象，执行"编辑>复制"命令，即可将元件复制到内存中；再执行"编辑>粘贴"命令，如图2-42所示，即可创建一个该对象的副本。副本对象位于该对象的上方，如图2-43所示。

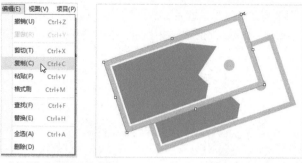

图2-42 "复制"和"粘贴"命令　　　　图2-43 创建副本

用户也可以在按住【Ctrl】键的同时向任意方向拖曳对象，实现对对象的快速复制。复制对象时，按住【Shift+Ctrl】组合键的同时向左右或上下方向拖曳元件，可以保证在水平和垂直方向上复制元件，如图2-44所示。

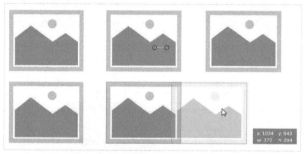

图2-44 在水平方向上复制元件

提示　用户也可以通过按【Ctrl+C】组合键复制对象，通过按【Ctrl+V】组合键粘贴对象。

在对象上方单击鼠标右键，在弹出的快捷菜单中选择"复制"命令，如图2-45所示，也可将对象复制到内存中。再次在对象上方单击鼠标右键，在弹出的快捷菜单中选择"粘贴"命令，即可将内存中的对象粘贴到页面中。

在对象上方单击鼠标右键，在弹出的快捷菜单中选择"粘贴选项"命令，将打开如图2-46所示的子菜单，用户可以根据当前需求选择相应的子菜单命令。

图2-45 选择"复制"命令　　图2-46 "粘贴选项"命令的子菜单

2.6.5 剪切和删除对象

执行"编辑>剪切"命令，可以将当前对象剪切到内存中，然后通过执行"编辑>粘贴"命令将对象粘贴到新的页面中，如图2-47所示。

用户也可以在对象上方单击鼠标右键，在弹出的快捷菜单中选择"剪切"命令，如图2-48所示。接下来用户就可以使用前面讲解过的方法，将对象粘贴到页面中。

选中元件后，按【Delete】键可以将其删除。也可以通过执行"编辑>删除"命令删除对象，如图2-49所示。

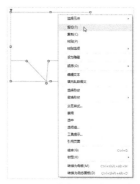

图2-47 选择"剪切"命令　图2-48 快捷菜单中的"剪切"命令　图2-49 选择"删除"命令

 用户也可以通过按【Ctrl+X】组合键将对象剪切到内存中，通过按【Ctrl+V】组合键粘贴对象。

2.7 还原与恢复

用户在操作过程中如果出现错误，可以执行"撤销"命令返回上一步操作之前的状态，也可以执行"重做"命令再次执行前一步的操作。

2.7.1 撤销

执行"编辑>撤销"命令，可以撤销最后一步操作，如图2-50所示，也可以通过按【Ctrl+Z】组合键快速撤销。

2.7.2 重做

执行"编辑>重做"命令，可以恢复刚被撤销的一步操作，或重复最后一步操作，如图2-51所示，也可以按【Ctrl+Y】组合键快速执行重做操作。

图2-50 "撤销"命令 图2-51 "重做"命令

2.8 答疑解惑

了解了Axure RP 9工作界面的基本操作后，接下来针对软件的欢迎界面在实际应用中的一些作用进行解答。

2.8.1 欢迎界面中的链接入口

Axure RP 9英文版的欢迎界面的左下角包含"What's new in Axure RP 9""Forum""Learn and Support"3个链接。

单击"What's new in Axure RP 9"链接，可以进入官网了解Axure RP 9的新增功能，如图2-52所示；单击"Forum"链接，可以访问Axure论坛，与全世界的Axure用户交流学习、制作心得，如图2-53所示；单击"Learn and Support"链接，可以进入Axure官网获得学习资料和资源。

图2-52 Axure RP 9的新增功能页面　　　　　　　图2-53 Axure论坛

中文Axure RP 9的欢迎界面将左下角的3个链接更改为"新的功能""汉化下载""中文教材"。用户可以根据个人的需求点击链接访问对应的内容。

2.8.2 导览文件和最近编辑文件

单击对话框右侧顶部的"打开导览文件"链接，如图2-54所示，即可打开Axure官方提供的使用说明文件，如图2-55所示。

图2-54 单击"打开导览文件"链接　　　　　　图2-55 官方使用说明文件

在"欢迎使用Axure RP 9"对话框右侧中部显示了最近编辑的10个文件，单击某个文件名称即可快速打开该文件，如图2-56所示。

图2-56 最近编辑的文件

 选择对话框左下角的"不再显示"复选框后,下次启动 Axure RP 9 时,欢迎界面将不会显示。执行"帮助 > 欢迎界面"命令,即可再次打开该页面。

2.9　总结扩展

在开始学习制作产品原型之前,了解并掌握Axure RP 9的基本操作非常重要。熟悉软件的操作,可以帮助用户在提高制作效率的同时,深层次地理解设计和制作规范。

2.9.1　本章小结

本章主要针对Axure RP 9的基本操作进行讲解,从文件的新建和存储到文件的打开与导入都进行了详细介绍,并针对操作中常常用到的自动备份、还原与恢复操作等内容进行了讲解。

通过学习本章内容,大家应该能够熟悉Axure RP 9的软件界面,并能熟练使用各种工具和命令。

2.9.2　扩展练习——通过复制的方法制作水平导航

源文件:资源包\源文件\第2章\2-9-2.rp

素　材:无

技术要点:掌握【复制/粘贴元件】的方法

扫描查看演示视频

本案例将配合使用组合键完成元件的复制操作。大家在制作本案例的同时要对元件的使用与修改有所了解。图2-57所示为使用"复制"和"粘贴"命令制作完成的水平导航。

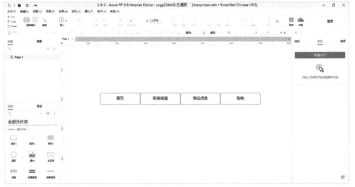

图2-57 水平导航

页面管理

掌握页面的新建与管理是学好任何一款软件的基础。本章将带领读者一起学习Axure RP 9中与页面相关的知识点，同时也对设置页面属性和样式的方法进行介绍，还将介绍实际工作中可能遇到的自适应视图和生成流程图的方法，帮助读者逐步走进Axure RP 9的世界，掌握页面管理的方法和技巧。

3.1 了解站点

无论读者是一个网页制作新手，还是一个专业网页设计师，在设计、制作产品原型时，都要从构建站点开始，厘清网站结构的脉络，然后进行下一步制作。当然，不同的网站拥有不同的结构及功能，所以一切都要按照需求组织站点的结构。

使用Axure RP 9为网站或者移动App设计原型，都需要将所有的页面放置在同一个文件中，方便用户管理和操作。

3.2 管理页面

新建一个文件，系统会自动为用户创建一个页面，用户可以在"页面"面板中查看页面状态，如图3-1所示。

图3-1 "页面"面板

3.2.1 添加页面

如果用户需要添加页面，可以单击"页面"面板右上角的"添加页面"按钮，如图3-2所示，即可完成页面的添加，添加页面后的效果如图3-3所示。

Learning Objectives
学习重点 ⮡

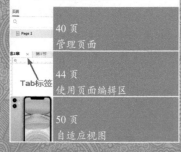

Tab标签

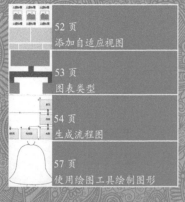

40 页
管理页面

44 页
使用页面编辑区

50 页
自适应视图

52 页
添加自适应视图

53 页
图表类型

54 页
生成流程图

57 页
使用绘图工具绘制图形

图3-2 单击"添加页面"按钮　　　　　图3-3 添加页面后的效果

　　为了方便页面的管理，通常会将同类型的页面放在一个文件夹下。单击"页面"面板右上角的"添加文件夹"按钮，如图3-4所示，即可完成文件夹的添加，如图3-5所示。

图3-4 单击"添加文件夹"按钮　　　　　图3-5 添加文件夹

　　如果用户希望在特定的位置添加页面或文件夹，可以先在"页面"面板中选择一个页面，然后单击鼠标右键，在弹出的快捷菜单中选择"添加"命令，如图3-6所示，在打开的子菜单中选择某一命令，即可完成添加。

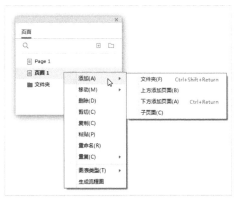

图3-6 选择"添加"命令

　　"添加"子菜单中包含"文件夹""上方添加页面""下方添加页面""子页面"4个命令，各个命令的含义如下。

- 文件夹：将在当前文件下创建一个文件夹。
- 上方添加页面：将在当前页面之前创建一个页面。
- 下方添加页面：将在当前页面之后创建一个页面。
- 子页面：将为当前页面创建一个子页面。

如果用户想要删除某个页面，选择想要删除的页面，按【Delete】键即可完成删除操作。也可以在页面名称上单击鼠标右键，在弹出的快捷菜单中选择"删除"命令，如图3-7所示。

图3-7 选择"删除"命令

如果当前删除的页面中包含子页面，则在删除该页面时系统会自动弹出"警告"对话框，询问是否删除当前页面及子页面，如图3-8所示。单击"是"按钮，将删除当前页面及其所有子页面；单击"否"按钮，则取消删除操作。

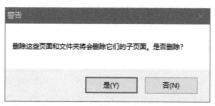

图3-8 "警告"对话框

3.2.2 重命名页面

在Axure RP 9中，每个页面都有一个名称，如图3-9所示。为了便于管理，用户可以对页面进行重命名操作。当页面为选中状态时，单击页面名称，出现文本框后即可为该页面重新设置名称，如图3-10所示。

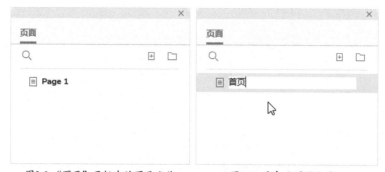

图3-9 "页面"面板中的页面名称　　　　图3-10 重命名页面名称

在想要重命名的页面上单击鼠标右键，在弹出的快捷菜单中选择"重命名"命令，也可以完成对页面重新设置名称的操作。

 提示　为页面命名时，每个名称都应该是独一无二的，而且页面的名称要清晰地说明该页面的内容，这样原型才更容易被理解。

3.2.3　移动页面

如果用户想移动页面的顺序或更改页面的级别，可以在"页面"面板上选择需要更改的页面，然后单击鼠标右键，在弹出的快捷菜单中选择"移动"命令，在打开的子菜单中选择相关的移动命令，如图3-11所示。

图3-11 选择"移动"命令

● 上移：将当前页面向上移动一层。
● 下移：将当前页面向下移动一层。
● 降级：将当前页面转换为子页面。
● 升级：将当前子页面转换为独立页面。

提示　除了可以使用"移动"命令改变页面的层次，还可以采用按住鼠标左键并拖曳的方式改变页面的层次。

3.2.4　查找页面

一个原型项目的页面少则几个，多则几十个，为了方便用户在众多页面中查找某个页面，Axure RP 9为用户提供了"搜索"功能。

单击"页面"面板左上角的"搜索"按钮，页面顶部将出现搜索文本框，如图3-12所示。输入要搜索的页面名称后，即可显示搜索到的页面，如图3-13所示。

图3-12 单击"搜索"按钮　　　　　　　　　图3-13 搜索页面

单击搜索文本框右侧的×图标，还原搜索文本框。再次单击"搜索"按钮，取消搜索，"页面"面板恢复为默认状态。

3.3　编辑页面

当用户一次性打开多个页面时，这些页面将以多个Tab标签的方式显示在页面编辑区的顶部，也就是将要生成HTML的区域。被拖曳到这个区域的各个元件将会生成HTML并出现在原型中。

3.3.1 使用页面编辑区

在页面编辑区中可以打开以下4种页面。

● 普通页面："页面"面板中的页面。

● 母版页面："母版"面板中的母版页面。

● 动态面板页面：动态面板管理中的状态页面。

● 中继器页面：编辑中继器的页面。

页面编辑区的Tab标签会显示各页面的名称。拖动Tab标签可以调整左右顺序，如图3-14所示。单击Tab标签上的关闭图标即可关闭当前页面。

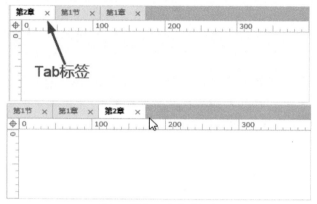

图3-14 调整Tab标签的顺序

单击页面编辑区右侧的向下拉按钮，在打开的下拉列表框中列出了当前打开的所有页面，用户可以选择页面名称，快速找到所需的页面，如图3-15所示。

图3-15 页面下拉列表框

● 关闭当前标签：关闭当前打开的页面。

● 关闭全部标签：关闭所有打开的页面。

● 关闭其他标签：关闭除当前页面外的其他页面。

提示 在工作过程中，往往会打开多个页面进行编辑，这时可能需要查找很长时间才能找到想要编辑的页面。为了在众多的页面中快速找到要编辑的页面，可以选择"关闭其他标签"选项，将除了当前页面之外的其他标签全部关闭。

3.3.2 页面样式

新建一个页面后，用户可以在"样式"面板中为其指定样式，控制页面的显示效果，如图3-16所示。

图3-16　"样式"面板

● 页面尺寸：此处可选择或设置页面尺寸。

默认情况下，"页面尺寸"被设置为"Auto"（自动），单击右侧的"♢"图标，打开可供选择的页面尺寸的下拉列表框，如图3-17所示。用户可以在其中选择预设的移动设备页面尺寸，如图3-18所示。

图3-17　"页面尺寸"下拉列表框　　　图3-18 选择移动设备的页面尺寸

在下拉列表框中选择"Web"（网页）选项，用户可以在文本框中手动设置网页的宽度，如图3-19所示。选择"自定义设备"选项，用户可以在文本框中手动设置页面的宽度和高度，如图3-20所示。

图3-19 设置"Web"选项　　图3-20 自定义设备尺寸

提示　　单击"自定义设备"选项下宽度和高度文本框后面的图标，可以互换宽度和高度数值。

● 页面排列：此处的选择将影响最后输出页面时的排列方式，用户可以选择居左或者居中。

页面制作完成后，单击软件界面右上角的"预览"按钮，对比两种页面对齐方式的效果，如图3-21所示。

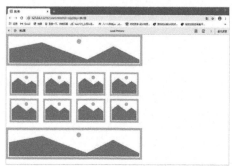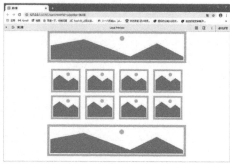

左侧对齐　　　　　　　　　　　　　居中对齐

图3-21 页面排列的对齐方式

● 填充：此处可以为页面设置填充，填充的方式有两种，分别是颜色和图片。

为了实现更丰富的页面效果，用户可以为页面设置"颜色"填充和"图片"填充，如图3-22所示。单击"颜色"图标，打开"拾色器"面板，如图3-23所示，用户可以选择任意一种颜色作为页面的背景色。

图3-22 设置"填充"　　图3-23 "拾色器"面板

 页面背景颜色目前只支持纯色填充，不支持线性渐变和径向渐变填充。

单击"图片"图标，弹出如图3-24所示的对话框。单击"选择"按钮，选择一张图片作为页面的背景，如图3-25所示。单击图片缩略图右上角的"×"图标，即可清除页面中的图片背景，如图3-26所示。

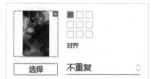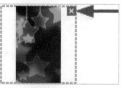

图3-24 设置图片填充　　图3-25 图片填充效果　　图3-26 清除图片

默认情况下，图片填充的范围为Axure RP 9的整个工作区，如图3-27所示。填充方式为"不重复"，单击右侧的重复背景图片图标"♢"，可以在打开的下拉列表框中选择其他的重复方式，如图3-28所示。

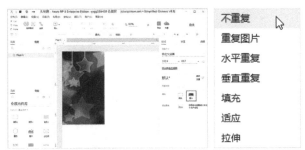

图3-27 图片填充范围　　　　　图3-28 填充方式下拉列表框

● 不重复：图片将作为背景显示在工作区内。

● 重复图片：图片在水平和垂直两个方向上重复，覆盖整个工作区，如图3-29所示。

● 水平重复：图片在水平方向上重复，如图3-30所示。

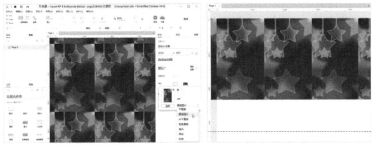

图3-29 重复图片　　　　　　　图3-30 水平重复图片

● 垂直重复：图片在垂直方向上重复，如图3-31所示。

● 填充：图片等比例缩放填充整个页面，如图3-32所示。

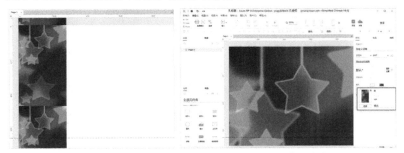

图3-31 垂直重复图片　　　　　图3-32 填充图片

● 适应：图片等比例缩放填充整个工作区，如图3-33所示。

● 拉伸：图片自动缩放以填充整个工作区，如图3-34所示。

图3-33 适应图片　　　　　　　图3-34 拉伸图片

用户通过单击"对齐"选项的9个方框，可以将背景图片显示在页面的左上、顶部、右上、左侧、居中、右侧、左下、底部和右下等位置。图3-35所示为将背景图片放置在左下位置的效果。

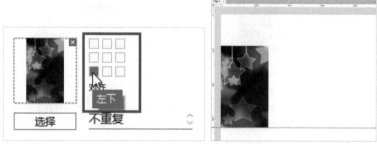

图3-35 将背景图片放置在左下位置

 提示　并不是所有的图片格式都能被应用为页面背景。目前 Axure RP 9 中的背景图片只支持 GIF、JPG、JPEG、PNG、BMP、SVG、XBM 和 ART 格式。

● 低保真度：单击即可将工作界面中的产品原型设置为低保真度模式。

一个完整的项目原型，通常包含很多图片和文本素材。为了获得好的预览效果，很多图片采用了较高分辨率的图片素材，过多的素材会影响整个项目原型的制作流畅度。Axure RP 9为用户提供了低保真度模式，解决由于制作内容过多而导致的卡顿问题。

完成后的产品原型如图3-36所示，在"样式"面板中单击"低保真度"后面的图标，即可进入低保真度模式，如图3-37所示。页面中的图片素材将以灰度模式显示，英文文本将被替换为手写字体。

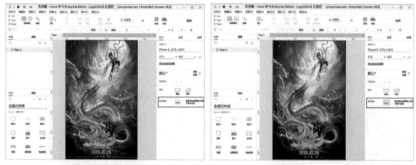

图3-36 产品原型　　　　　　　　　　图3-37 低保真度模式

3.3.3 页面说明

用户可以在"说明"面板中为页面或页面中的元件添加说明，方便其他用户理解和修改，如图3-38所示。

图3-38 "说明"面板

　　可以直接在"页面概述"文本框中输入说明内容，如图3-39所示。单击右侧的"格式"图标
"Aa"，显示格式化文本参数，用户可以设置说明文字的字体、加粗、斜体、下划线、文本颜色和
项目符号等参数，如图3-40所示。

图3-39 输入说明内容　　　　　图3-40 格式化文本参数

　　如果需要有多个说明，可以单击页面名称右侧的"⚙"图标，弹出"说明字段设置"对话框，
如图3-41所示。单击"+添加"按钮即可添加一个页面说明，如图3-42所示。

图3-41 "说明字段设置"对话框　　　　　　　图3-42 添加页面说明

　　单击"完成"按钮，即可在"说明"面板上添加页面说明，如图3-43所示。当页面同时有多个说明
时，用户可以在"说明字段设置"对话框中完成对说明的上移、下移和删除等操作，如图3-44所示。

图3-43 新添加的页面说明　　　　　图3-44 上移、下移和删除说明

　　单击"指定元件+"按钮，在打开的下拉列表框中选中要添加说明的元件，即可在下面的文本框
中为元件添加说明，如图3-45所示。添加说明后的元件将在右上角显示序列数字，该数字与"说明"
面板中显示的数字一致，如图3-46所示。

图3-45 添加元件说明　　图3-46 显示序列数字

单击"包含文字与交互"按钮 ，打开如图3-47所示的下拉列表框。用户可以根据元件的使用情况，选择是否显示文字和交互内容，如图3-48所示。为元件添加说明后，选中该元件，将自动在"说明"面板中显示说明内容，如图3-49所示。

包含元件文字

包含交互内容

包含以上两项

图3-47 "包含文字与交互"下拉列表框　图3-48 显示文字和交互内容　　　图3-49 元件说明

3.4 自适应视图

早期的输出终端只有显示器，而且屏幕的分辨率基本上为一种或者两种，用户只需基于某个特定的屏幕尺寸进行设计即可。

随着移动技术的飞速发展，出现了越来越多的移动终端设备，如智能手机、平板电脑和互联网电视等。这些设备的屏幕尺寸多种多样，而且品牌不同，显示屏幕的尺寸也不相同，给移动设计师的设计工作带来了许多难题。

为了使按照特定屏幕尺寸设计的页面能够适配所有终端的屏幕尺寸，需要对之前所有的页面进行重新设计，还要考虑兼容性问题，投入大量人力、物力的同时还要对所有不同屏幕的多套页面进行同步维护，这也是一个极大的挑战。图3-50所示为苹果手机和华为手机的屏幕尺寸对比。

苹果手机　　　华为手机

图3-50 智能手机屏幕尺寸对比

为了满足页面原型在不同尺寸终端屏幕上都能正常显示的需要，Axure RP 9为用户提供了自适应视图功能。用户可以在自适应视图中定义多个屏幕尺寸，当在不同屏幕尺寸上浏览时，页面的样式或布局会自动发生变化。

 自适应视图中最重要的概念是集成，因为它在很大程度上解决并维护了多套页面的效率问题。其中，每套页面都是为一个特定尺寸屏幕而做的优化设计。

3.4.1　设置自适应视图

自适应视图中的元件从父视图中集成样式（如位置、大小）。如果修改了父视图中的按钮颜色，所有子视图中的按钮颜色也随之改变；如果改变了子视图中的按钮颜色，则父视图中的按钮颜色不会改变。

单击"样式"面板中的"添加自适应视图"链接，如图3-51所示，弹出"自适应视图"对话框，如图3-52所示。

　　　图3-51 单击"添加自适应视图"连接　　　图3-52 "自适应视图"对话框

"自适应视图"对话框中默认包含一个基本的适配选项，通过设置相应的参数，可以设置最基础的适配尺寸。

单击"预设"选项后面的"⌄"图标，可以在打开的下拉列表框中选择系统提供的预设尺寸，如图3-53所示。选择"iPhone 8（375×667）"选项，"自适应视图"对话框显示如图3-54所示。

　图3-53 "预设"下拉列表框　　　　图3-54 "自适应视图"对话框

 如果用户从"预设"下拉列表框中无法找到想要的尺寸，可以直接在下面的"宽度"和"高度"文本框中输入数值。

单击对话框左上角的"+添加"按钮，如图3-55所示，即可添加一种新视图，新视图的各项参数可以在右侧添加。

在设置相似视图时，可以先单击"复制"按钮复制选中的选项，然后通过修改数值得到想要的项目，在"继承"文本框中将显示当前适配选项的来源，如图3-56所示。

图3-55 单击"添加"按钮　　　　　　　　　　　图3-56 复制选项

3.4.2 应用案例——添加自适应视图

源文件：资源包\源文件\第3章\3-4-2.rp
素　材：无
技术要点：掌握【添加自适应视图】的方法

扫描查看演示视频

STEP 01 新建一个文件，设置页面尺寸为"iPhone 8（375×667）"，使用各种元件创建如图 3-57 所示的页面效果。

STEP 02 单击"样式"面板中的"添加自适应视图"链接，弹出"自适应视图"对话框，单击该对话框左上角的"+添加"按钮，设置预设尺寸，如图 3-58 所示。

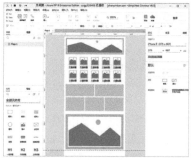

图3-57 创建页面效果　　　　　　　　　　　　图3-58 设置预设尺寸

STEP 03 单击"确定"按钮，分别单击工作区顶部的"iPhone 11 Pro/XR/XS Max（414×896）"选项和"iPad 4（768×1024）"选项，取消选择"影响所有视图"复选框，调整元件的大小和分布，页面效果如图 3-59 所示。

STEP 04 调整完成后，单击工具栏中的"预览"按钮，打开浏览器，单击浏览器左上角的不同选项，在下拉列表框中选择不同的页面设置，预览页面效果，如图 3-60 所示。

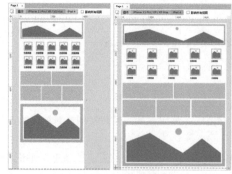
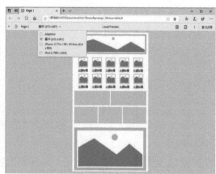

图3-59 页面效果　　　　　　　　　　　　　图3-60 预览页面效果

3.5 图表类型

为了便于用户管理页面，Axure RP 9将页面分为普通页面和流程图页面两种类型，并提供了不同的图标。图3-61所示为普通页面的图标，图3-62所示为流程图页面的图标。

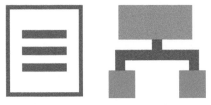

图3-61 普通页面图标　　图3-62 流程图页面图标

选择需要转换类型的页面，单击鼠标右键，在弹出的快捷菜单中选择"图表类型"命令，在打开的子菜单中选择相应的命令，即可更改页面的图表类型，如图3-63所示，页面效果如图3-64所示。

图3-63 选择页面类型　　　　图3-64 转换后的流程图页面效果

3.6 生成流程图

如果用户完成了产品原型的制作，可以在"页面"面板中查看产品原型设计的页面结构，并将页面结构生成流程图，方便设计师和项目团队中的人员对上层领导或客户进行简单的讲解说明与展示。

3.6.1 生成流程图的方法

设计完成一个原型的页面后，通常需要把它生成对应结构的原型结构图。单击鼠标右键，在弹出的快捷菜单中选择"生成流程图"命令，如图3-65所示，即可生成流程图。

图3-65 选择"生成流程图"命令

3.6.2 应用案例——生成流程图

源文件：资源包\源文件\第3章\3-6-2.rp
素　材：无
技术要点：掌握【生成流程图】的方法

STEP 01 新建一个文件并完成原型页面的创建，选择"首页"页面，单击鼠标右键，在弹出的快捷菜单中选择"添加>上方添加页面"命令，如图3-66所示，在"首页"上方新建一个页面。

STEP 02 修改名称为"流程图"，单击鼠标右键，在弹出的快捷菜单中选择"图表类型>流程图"命令，页面效果如图3-67所示。

图3-66 添加页面　　　　　　　　　　　图3-67 转换为流程图

STEP 03 双击"流程图"选项，进入"流程图"页面，选择"首页"页面，单击鼠标右键，在弹出的快捷菜单中选择"生成流程图"命令，弹出"生成流程图"对话框，如图3-68所示。

STEP 04 在"生成流程图"对话框中选中"向下"单选按钮，单击"确定"按钮，在"流程图"页面中生成流程图，效果如图3-69所示。

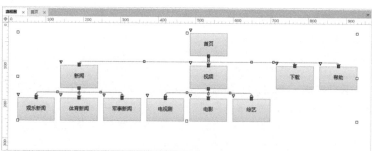

图3-68 选择图表类型　　　　　　　　　　　图3-69 流程图效果

3.7 绘画工具

在Axure RP 9中，有一个用于绘制自定义图形的工具——绘画工具。用户可以使用绘画工具绘制任意形状的自定义图形元件，所绘制的自定义图形是矢量图。

3.7.1 绘制图形

单击工具栏中的"插入"按钮，在打开的下拉列表框中选择"绘画"选项或者按【Ctrl+Shift+P】组合键，如图3-70所示。在页面中单击即可开始以直线或折线进行绘制，如图3-71所示。

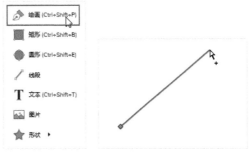

图3-70 "绘画"工具　　　　图3-71 开始绘制直线

绘画工具默认采用折线模式绘制，用户可以在"样式"面板中随时更改绘制的模式，如图3-72所示。使用绘画工具在画布中单击，连续两次将鼠标光标移至画布的另一处单击，即可完成一段路径的绘制，如图3-73所示。

图3-72 折线模式　　　　图3-73 绘制一段路径

使用相同的方法依次绘制，将鼠标光标移至起始点位置，如图3-74所示，单击即可封闭路径，完成图形的绘制，如图3-75所示。

图3-74 封闭路径　　　　图3-75 完成元件的绘制

如果用户要在开放路径中结束绘制，可以按【Esc】键或者双击页面区域内除初始点外的任何位置。

3.7.2 转换锚点类型

使用绘画工具可以绘制"直线路径"和"曲线路径"，直线路径上的锚点称为"直线锚点"，曲线路径上的锚点称为"曲线锚点"。

选择一个"直线锚点"，单击鼠标右键，在弹出的快捷菜单中选择"曲线"命令，如图3-76所示，该直线锚点将被转换为"曲线锚点"，效果如图3-77所示。选中某个锚点并双击，也可以实现直线锚点和曲线锚点间的相互转换。

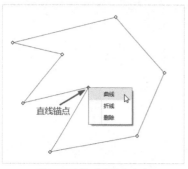

图3-76 选择"曲线"命令

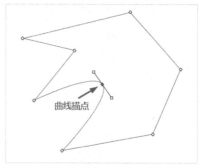

图3-77 转换为曲线锚点

 提示　同理，选择"折线"命令，可以将一个"曲线锚点"转换为"直线锚点"。选择"删除"命令，可将当前锚点删除。

　　选中图形，单击鼠标右键，在弹出的快捷菜单中选择"变换形状>曲线连接各点"命令，如图3-78所示。即可将图形中的所有直线锚点转换为曲线锚点，如图3-79所示。

　　单击鼠标右键，在弹出的快捷菜单中选择"变换形状>折线连接各点"命令，即可将图形中的所有曲线转换为折线。

图3-78 选择"曲线链接各点"命令

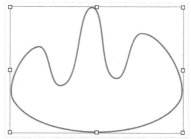

图3-79 转换效果

3.7.3　编辑绘画工具

　　图形绘制完成后，会自动退出绘画工具模式。用户可以通过编辑图形中的锚点再次编辑图形。如果用户要绘制另外一个自定义图形，再次单击绘画工具图标即可。

◀)) 添加锚点

　　选中使用绘画工具绘制的图形，在图形方框内双击，进入图形编辑状态，如图3-80所示。将光标移动到路径上需要添加锚点的位置，单击即可添加锚点，如图3-81所示。

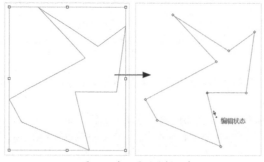

图3-80 进入图形编辑状态

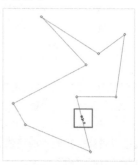

图3-81 添加锚点

◀») 删除锚点
···

　　如果用户想要删除某个锚点，可以在该锚点上单击鼠标右键，在弹出的快捷菜单中选择"删除"命令，即可将该锚点删除，如图3-82所示。

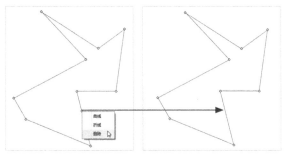

图3-82 删除锚点

◀») 编辑曲线锚点
···

　　单击曲线锚点，会在锚点两侧出现两条方向线，两条方向线的顶端带有黄色控制点，如图3-83所示，拖动黄色控制点即可实现对路径曲率的调整，如图3-84所示。

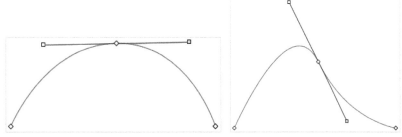

图3-83 方向线及控制点　　　　　　　　　图3-84 调整方向线

　　如果用户只希望调整某一侧的曲率，可以按住【Ctrl】键的同时拖动该侧方向线的控制点来调整曲率，如图3-85所示。如果希望恢复默认的曲率，双击锚点将其转换为直线锚点后，再次双击即可，如图3-86所示。

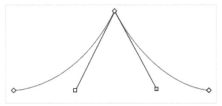
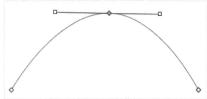

图3-85 调整单侧方向线　　　　　　　　　图3-86 恢复默认的曲率

3.7.4 应用案例——使用绘画工具绘制图形

　　源文件：资源包\源文件\第3章\3-7-4.rp
　　素　材：无
　　技术要点：掌握【使用绘画工具绘制图形】的方法

扫描查看演示视频

STEP 01 新建一个文件，使用绘画工具在画布中绘制图形，选中图形中顶部的锚点，将其转换为"曲线锚点"，如图 3-87 所示。

STEP 02 将光标移动到图形左侧边上单击添加一个锚点，并调整其位置。选中顶部锚点，按住【Ctrl】键的同时拖曳方向线的控制点，效果如图 3-88 所示。

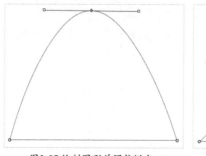
图3-87 绘制图形并调整锚点

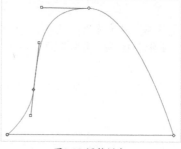
图3-88 调整锚点

STEP 03 使用相同的方法调整右侧的路径，将光标移动到底部路径上单击添加锚点，并调整路径形状，如图 3-89 所示。

STEP 04 将"元件"面板中的"圆形"元件拖入到页面中，调整大小、顺序、位置和线段粗细，完成铃铛图形的绘制，效果如图 3-90 所示。

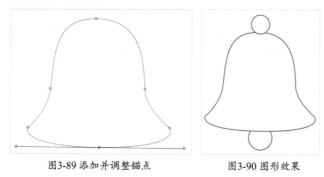

图3-89 添加并调整锚点   图3-90 图形效果

3.8 组合对象

制作一个产品原型时，通常包括很多元素。为了方便用户操作和管理，可以将相同类型的对象组合在一起。

3.8.1 组合对象的方法

选中需要组合的对象，如图3-91所示。执行"布局>组合"命令或单击工具栏中的"组合"按钮，即可完成组合操作，如图3-92所示。双击该组合，可以进入单一编辑模式，对组合内的任一元件进行编辑。

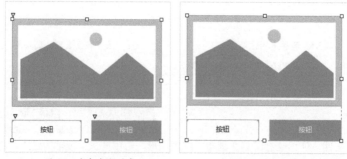

图3-91 选中多个对象   图3-92 组合对象

用户也可以在选中的多个对象上单击鼠标右键，在弹出的快捷菜单中选择"组合"命令，如图3-93所示，即可将选中的多个对象组合在一起。

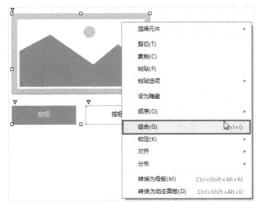

图3-93 选择"组合"命令

提示 组合后的对象将作为一个整体参与制作，可以一起完成移动、缩放、隐藏、排列、锁定和添加样式等操作。

3.8.2 取消组合

　　选中一个组合，执行"布局>取消组合"命令或单击工具栏中的"取消组合"按钮，即可将当前组合分散为单一元件。

　　用户也可以在组合对象上单击鼠标右键，在弹出的快捷菜中选择"取消组合"命令，如图3-94所示，即可将组合中的多个对象恢复为独立对象。

图3-94 选择"取消组合"命令

3.9 锁定对象

　　当页面中的内容过多时，可以选择将某些元件锁定，避免误操作或影响其他元件的操作。选择要锁定的对象，执行"布局>锁定>锁定位置和尺寸"命令或单击工具栏中的"锁定"按钮，即可完成锁定操作，如图3-95所示。

　　锁定的对象以红色虚线显示，不能被选择和编辑，如图3-96所示。该功能常被应用于锁定背景、锁定母版等操作。

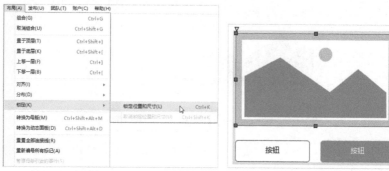

图3-95 选择"锁定位置和尺寸"命令　　　　　　图3-96 锁定后的效果

执行"布局>锁定>取消锁定位置和尺寸"命令或单击工具栏中的"取消锁定"按钮，即可完成取消锁定操作，如图3-97所示。

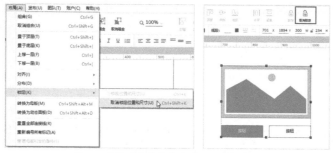

图3-97 选择"取消锁定位置和尺寸"命令

用户也可以在元件上单击鼠标右键，在弹出的快捷菜单中选择"锁定>锁定位置和尺寸"命令，如图3-98所示。

执行命令后元件将被锁定，不能移动位置和调整大小。再次在锁定的元件上单击鼠标右键，在弹出的快捷菜单中选择"锁定>取消锁定位置和尺寸"命令，如图3-99所示。元件将恢复为普通模式，用户可以对其进行移动和缩放操作。

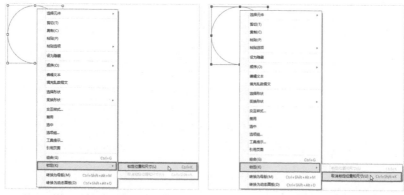

图3-98 选择"锁定位置和尺寸"命令　　　　　图3-99 选择"取消锁定位置和尺寸"命令

3.10 隐藏对象

为了避免个别元件影响整个页面的显示效果和操作，可以选择将其暂时隐藏起来，需要时再将其显示出来即可。

选择要隐藏的对象，单击工具栏右下角的"隐藏"图标 ◉ 或"样式"面板上的"隐藏"图标 ◉ ，即可将当前对象隐藏，如图3-100所示。再次单击"隐藏"图标 ◈ ，即可显示被选中的隐藏对象。

图3-100 隐藏图标

用户也可以选中想要隐藏的对象，单击鼠标右键，在弹出的快捷菜单中选择"设为隐藏"命令，即可将元件隐藏，如图3-101所示。

隐藏后的对象呈现淡黄色，效果如图3-102所示。再次单击鼠标右键，在弹出的快捷菜单中选择"设为可见"命令，即可将显示隐藏对象。

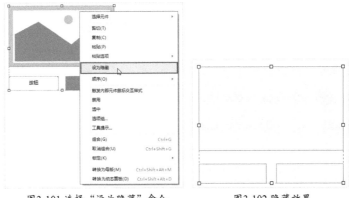

图3-101 选择"设为隐藏"命令　　　　图3-102 隐藏效果

? 疑问解答　"隐藏对象"功能的使用率如何？

在设计制作产品原型的交互效果时，"隐藏对象"功能的使用非常频繁，使用方法就是暂时将对象隐藏，然后通过动作控制其显示状态。

3.11　答疑解惑

页面管理是用户使用Axure RP 9设计制作产品原型的基础，只有创建出清晰明了的页面结构，才能制作出效果准确的原型作品。

3.11.1　保留页面文件的旧版本

在设计制作产品原型的过程中，为了满足不同的用户需求，完成的原型设计往往不止一个版本。为了对比不同版本的优劣，设计师通常需要回到产品原型的旧版本中。在Axure RP 9中，追踪旧版本非常容易。

设计师通常会创建一个名为"Bin"的文件夹，将旧版本的页面放在文件夹中，这样当用户需要返回寻找时就非常容易。

当需要导出产品原型时，只需选择导出原型中合理、优秀的部分即可，不需要全选页面，如

图3-103所示。这样，可以向客户分享一个简洁的版本，而且旧版本也可以随时被访问。

图3-103 选择需要导出的部分

3.11.2 如何处理原型中的文字在不同浏览器上效果不一样的情况？

一个产品原型在不同的浏览器中，用户看到的效果也不一样，这种情况经常发生，特别是文字的间距和位置。

为了避免出现差错，建议用户在制作过程中不断地使用不同的浏览器查看产原型效果，如果是移动端的产品原型，则需要在不同设备上查看预览效果。

前面提到的经常出现问题的情况有两种，分别是文字环绕和垂直间距的问题。为了防止文本框从环绕变成一行，最安全的方法就是为文本框提供足够大的空间，如图3-104所示。如果需要编辑这个文本框，则不用改变文本框的大小。

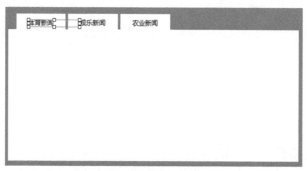

图3-104 设置文本参数

通过垂直间距可以看出原型页面在浏览器中和Axure RP 9中的不同。用户可以在Axure RP 9中微调间距，直到文本在浏览器中的显示效果与Axure RP 9中相同。

作为设计师，即使永远不能消除Axure RP 9和浏览器之间的所有差异，也要尽可能地做到减少差异。

3.12 总结扩展

页面管理是使用Axure RP 9制作产品原型的基础，通过学习本章内容，读者应该掌握页面管理的基本操作和技巧。

3.12.1 本章小结

本章主要针对Axure RP 9中页面的新建与管理进行学习，通过学习读者应该掌握新建页面的方法、页面管理的技巧、页面编辑区的设置与优化和自适应视图等内容。

同时也要掌握生成流程图的方法和技巧、绘画工具的使用与编辑方法，以及组合对象、锁定对象和隐藏对象等操作。

　　通过学习本章内容，读者能够对Axure RP 9的页面管理有一个全新的认识，并将所学知识点进行归纳总结，应用到实际工作中。

3.12.2　扩展练习——使用元件制作一个标签面板

源文件：资源包\源文件\第3章\3-12-2.rp

素　材：无

技术要点：掌握【制作标签面板】的方法

扫描查看演示视频

　　本案例将使用"矩形"元件完成一个标签面板的设计与制作。制作过程中要思考页面的创建和对象操作的要点，熟练地将这些知识点进行融会贯通，并应用到实际操作中。完成后的标签面板如图3-105所示。

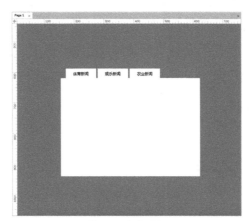

图3-105 标签面板

读书
笔记

第4章 使用元件

元件是Axure RP 9制作原型的最小单位，熟悉每个元件的使用方法和属性是制作作品的前提。本章将针对"元件"面板中的基本元件、表单元件、菜单、表格元件、标记元件和流程图元件的使用等进行详细介绍。通过学习，读者应掌握元件的使用方法和技巧，并能够熟练地应用到实际工作中。

4.1 "元件"面板

Axure RP 9的元件都位于"元件"面板中，"元件"面板位于工作界面的左下方，如图4-1所示。

图4-1 "元件"面板

在"元件"面板中，元件按照种类被分为"Default""Flow""Icons""Sample UI Patterns"4种类型。单击"元件"面板顶部的元件库名称或"⌄"图标，即可打开元件库下拉列表框，如图4-2所示。

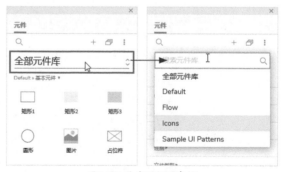

图4-2 元件库下拉列表框

在"全部元件库"选项下，单击"元件"面板顶部"搜索"图标后的输入栏，可以输入想要查找的元件名称，在"元件"面板中就会出现搜索结果，如图4-3所示。

Learning Objectives
学习重点

69 页
制作商品购买页

75 页
使用中继器制作活动列表页

80 页
制作淘宝会员登录页

82 页
美化树状菜单的图标

89 页
设计制作手机产业流程图

95 页
制作手风琴效果的图片展示

97 页
设计制作注册页原型

Default元件库将元件按照种类分为"基本元件""表单元件""菜单|表格""标记元件"4种类型，如图4-4所示。

图4-3 搜索结果　　　　　图4-4 4种元件类型

 提示 每种元件类型的名称后面都有一个三角形，三角形的尖角在右侧时，代表当前选项下有隐藏内容；三角形的尖角在下侧时，代表已经显示了当前类型下的所有元件。

4.2 基本元件

基本元件包含了一些制作原型时所必需的基本元件，接下来逐一进行介绍。

4.2.1 矩形

Axure RP 9中共提供了3个矩形元件，分别为"矩形1""矩形2""矩形3"，如图4-5所示。在"元件"面板中选中"矩形"元件，按住鼠标左键并将其拖曳到页面中，即可创建矩形。

图4-5 "矩形"元件

 提示 这3个矩形元件没有本质的区别，只是在边框和填充上略有不同。用户可以根据不同的情况选择合适的元件。

选择"矩形"元件，用户可以通过拖动四周的控制点调整其大小，也可以通过拖动左上角的三角形，将直角矩形转换为圆角矩形，如图4-6所示。

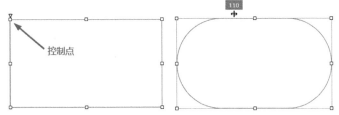

图4-6 将直角矩形转换为圆角矩形

用户可以单击工具栏中的"插入"按钮，在打开的下拉列表框中选择"矩形"选项或者按【R】键，如图4-7所示。在页面中拖曳绘制一个任意尺寸的矩形，绘制过程中在鼠标右侧会出现矩形的尺寸和位置提示信息，效果如图4-8所示。

图4-7 下拉列表框　　图4-8 绘制任意尺寸的矩形

4.2.2 图片

Axure RP 9为图片元件提供了多种功能，如添加文字、裁剪、切割和优化等。在"元件"面板中选中"图片"元件并将其拖曳到页面中，如图4-9所示。

双击"图片"元件，在弹出的"打开"对话框中选择一张图片，单击"打开"按钮，即可在Axure RP 9中看到该图片，导入的图片效果如图4-10所示。

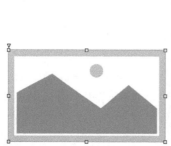

图4-9 "图片"元件　　　　　　　　图4-10 图片效果

选中"图片"元件并单击鼠标右键，在弹出的快捷菜单中选择"导入图片"命令，也可以实现图片的导入操作，如图4-11所示。在弹出的快捷菜单中选择"编辑文本"命令，即可在图片上添加文字内容，如图4-12所示。

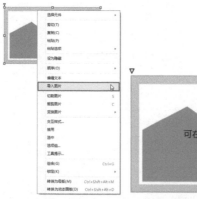

图4-11 导入操作　　　　　　　　图4-12 编辑文本

选中"图片"元件并单击鼠标右键，在弹出的快捷菜单中选择"裁剪图片"命令，拖曳裁剪框可调整裁剪图片的范围，如图4-13所示。调整完成后，双击即可完成图片的裁剪操作，效果如图4-14所示。

图4-13 调整裁剪范围

图4-14 完成裁剪操作

如果图片较大，则可能会影响原型的预览速度，这时可以将一张大图分割为多张小图。选中图片元件并单击鼠标右键，在弹出的快捷菜单中选择"切割图片"命令，拖曳裁剪分割线可将图片分割为若干个小图片，如图4-15所示。

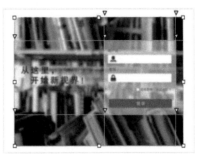

图4-15 切割图片

选中"图片"元件并单击鼠标右键，在弹出的快捷菜单中选择"变换图片"命令，在打开的子菜单中选择"固定边角范围"命令，会在图片四周出现边角标记，用来显示当前图片的边角范围，如图4-16所示。

图4-16 固定边角范围

● 水平翻转/垂直翻转：执行该命令将在水平或垂直方向上翻转图片。

● 优化图片：执行该命令，Axure RP 9将会自动优化当前图片，降低图片的质量，提高下载速度。

● 转换SVG图片为形状：执行该命令会将SVG图片转换为形状图片。

● 固定边角范围：此命令与"样式"面板中的工具相同。

● 编辑连接点：执行该命令，图片四周将会出现4个连接点，用户可以拖动调整连接点的位置。

在打开的子菜单中选择"优化图片"命令，Axure RP 9将会自动优化当前图片，降低图片的质量，提高下载速度，如图4-17所示。

图4-17 优化图片

 选中"图片"元件，在"样式"面板的"位置和尺寸"选项卡中也可以找到"切割"和"裁剪"工具，对图片进行切割和裁剪操作。

4.2.3 占位符

"占位符"元件没有实际意义，只是作为临时占位的功能存在。当用户需要在页面上预留一块位置，但是还没有确定要放什么内容时，可以选择在该处放置一个占位符元件。

在"元件"面板中选中"占位符"元件，将其拖曳到页面中，效果如图4-18所示。

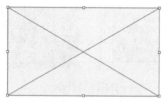

图4-18 "占位符"元件

4.2.4 按钮

Axure RP 9为用户提供了3种按钮元件，分别是按钮、主要按钮和链接按钮。用户可以根据具体用途选择不同的按钮元件。在"元件"面板中选中按钮元件并将其拖曳到页面中，效果如图4-19所示。

按钮	主要按钮	链接按钮

图4-19 "按钮"元件

4.2.5 标题

Axure RP 9中共有了3种"标题"元件，用户可以根据具体需要选择适合的标题元件，用于完成产品原型的设计制作。在"元件"面板中选中"标题"元件并将其拖曳到页面中，效果如图4-20所示。

图4-20 "标题"元件

选中"标题"元件并单击，用户即可在输入框中输入标题文字，标题框不会随标题长度的增长而换行，如图4-21所示。如果想要换行，用户可以拖曳标题框四周的控制点，调整标题框的长度和宽度，达到换行的效果，如图4-22所示。

使用Axure RP 9制作产品原型

图4-21 标题文字长度

使用Axure RP 9 制作产品原型

图4-22 调整标题框的长度和宽度

4.2.6 文本标签和文本段落

文本标签元件用于输入较短的普通文本，在"元件"面板中选中"文本标签"元件并将其拖曳到页面中，效果如图4-23所示。文本段落元件用于输入较长的普通文本，在"元件"面板中选中"文本段落"元件并将其拖曳到页面中，效果如图4-24所示。

Lorem ipsum dolor sit amet, consectetur adipiscing elit. Aenean euismod bibendum laoreet. Proin gravida dolor sit amet lacus accumsan et viverra justo commodo. Proin sodales pulvinar sic tempor. Sociis natoque penatibus et magnis dis parturient montes, nascetur ridiculus mus. Nam fermentum, nulla luctus pharetra vulputate, felis tellus mollis orci, sed rhoncus pronin sapien nunc accuan eget.

文本标签

图4-23 "文本标签"元件　　　图4-24 "文本段落"元件

4.2.7 应用案例——制作商品购买页

源文件：资源包\源文件\第4章\4-2-7.rp
素　材：资源包\素材\第4章\42701.jpg
技术要点：掌握制作【商品购买页】的方法

扫描查看演示视频　扫描下载素材

STEP 01 新建一个文件，在"元件"面板中选中"图片"元件，将其拖曳到页面中，双击图片元件，在弹出的"打开"对话框中选择图片素材，单击"打开"按钮，如图4-25所示。

STEP 02 将"元件"面板中的一级标题元件、二级标题元件和文本标签元件逐一拖曳到页面中，修改每个元件内的文本内容，完成商品介绍文字的制作，如图4-26所示。

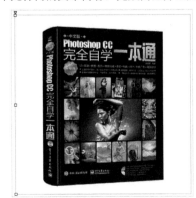

图4-25 添加图片元件　　　　　图4-26 添加元件并修改文本内容

69

STEP 03 将矩形 3 元件和三级标题元件逐一拖曳到页面中，调整矩形元件的大小和三级标题元件内的文字内容，完成商品价格区域的制作，如图 4-27 所示。

STEP 04 在"元件"面板中选中按钮元件，连续 3 次将其拖曳到页面中，修改按钮中的文字内容，完成后单击工具栏中的"预览"按钮，即可在打开的浏览器中查看商品购买页的效果，如图 4-28 所示。

图4-27 完成商品价格区域的制作   图4-28 预览商品购买页效果

4.2.8 水平线和垂直线

在"元件"面板中选中"水平线"或"垂直线"元件，将其拖曳到页面中，效果如图4-29所示。用户使用水平线元件和垂直线元件可以在产品原型中添加水平线条和垂直线条，一般情况下，其作用为分割页面或美化页面。

图4-29 "水平线"元件和"垂直线"元件

提示   用户可以在工具栏或"样式"面板中，为水平线和垂直线元件设置颜色、线宽、类型和箭头等参数，关于如何设置参数的详细介绍，请参看本书第 5 章。

4.2.9 热区

热区就是一个隐形的，但是可以点击的面板。使用它可以完成类似为同一张图设置多个超链接的操作。在"元件"面板中选中"热区"元件并将其拖入到页面中，效果如图4-30所示。

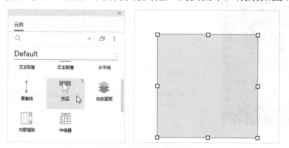

图4-30 "热区"元件

4.2.10 动态面板

"动态面板"元件是Axure RP 9中功能最强大的元件。通过这个元件，可以实现很多其他原型软件不能实现的动态效果。

🔊)) 使用"动态面板"

在"元件"面板中选中"动态面板"元件并将其拖曳到页面中，效果如图4-31所示。

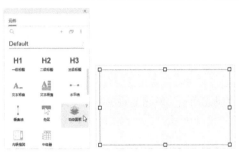

图4-31 使用"动态面板"元件

双击"动态面板"元件，工作区将转换为"动态面板"编辑状态，如图4-32所示。用户可以在该状态中完成动态面板的各种操作。单击右上角的"关闭"按钮即可退出"动态面板"编辑状态，如图4-33所示。

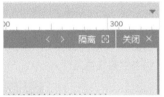

图4-32 "动态面板"编辑界面　　图4-33 关闭"动态面板"编辑状态

🔊)) 编辑"动态面板"

单击"动态面板"下拉面板中任意动态面板状态右侧的"重复状态"按钮，即可复制当前"动态面板"的状态，如图4-34所示。单击"删除状态"按钮，即可将当前"动态面板"状态删除，如图4-35所示。

图4-34 重复状态　　图4-35 删除状态

用户也可以通过在"概要"面板中单击动态面板后面的"添加状态"按钮，为该"动态面板"添加面板状态，如图4-36所示。单击面板状态后面的"重复状态"按钮，可以复制当前动态面板状态，如图4-37所示。

71

图4-36 添加状态   图4-37 重复状态

用户可以通过在"动态面板"下拉面板中选择相应的状态选项，实现在不同"动态面板"状态间的跳转。也可以通过单击"动态面板"标题上的左右箭头实现面板状态间的跳转，如图4-38所示。通过在"概要"面板中选择不同的面板状态，也可实现面板状态间的跳转，如图4-39所示。

图4-38 单击实现面板状态的跳转   图4-39 "概要"面板

用户可以在"动态面板"下拉面板或"概要"面板中，通过拖曳的方式改变"动态面板"状态的顺序。选中"动态面板"状态中的一个元件，单击右上角的"隔离"按钮，如图4-40所示，即可隐藏该"动态面板"状态中的其他元件。

图4-40 隔离操作

◀)) 从首个状态脱离
....

在"动态面板"元件上单击鼠标右键，在弹出的快捷菜单中选择"从首个状态脱离"命令，如图4-41所示。即可将该动态面板中的第一个面板状态脱离为独立状态，该状态中的元件将以独立状态显示，如图4-42所示。

图4-41 选择"从首个
状态脱离"命令   图4-42 从首个状态脱离效果

◀))) 转换为动态面板

除了从"元件"面板中拖入的方式创建动态面板，用户还可以将页面中的任一对象转换为动态面板，方便用户制作符合自己要求的产品原型。

选中想要转换为动态面板的元件，单击鼠标右键，在弹出的快捷菜单中选择"转换为动态面板"命令，即可将元件转换为动态面板，如图4-43所示。

图4-43 将元件转换为动态面板

从"元件"面板中拖曳"动态面板"元件到页面中后再进行编辑的方法，与先创建页面内容再转化为动态面板的方法，虽然操作顺序不同，但实质上没有区别。

 隐藏元件后,元件显示为淡黄色遮罩;动态面板显示为浅蓝色;母版实例显示为淡红色。用户可以通过执行"视图＞遮罩"子菜单中的命令,选择是否使用特殊颜色显示对象。

4.2.11 应用案例——使用动态面板显示隐藏对象

源文件：资源包\源文件\第4章\4-2-11.rp
素　材：无
技术要点：使用【动态面板显示隐藏对象】的方法

扫描查看演示视频

STEP 01 新建一个文件，将"动态面板"元件拖入到页面中并双击，进入"动态面板"编辑状态，新建两个状态并修改名称，如图 4-44 所示。

STEP 02 在"娱乐新闻"状态下，使用矩形 2 元件、矩形 3 元件和文本标签元件完成状态的制作；在"体育新闻"状态下，使用相同的方法完成状态的制作，如图 4-45 所示的页面。

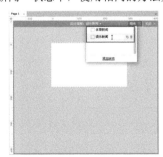

图4-44 新建状态并修改名称

图4-45 完成两个状态的制作

STEP 03 返回主页面，将"热区"元件拖曳到"娱乐新闻"状态上，并调整其大小和位置；在"交互"面板中为"热区"元件添加"单击时"事件和"设置面板状态"动作，如图 4-46 所示。

STEP 04 使用相同的方法在"体育新闻"状态上添加"热区"元件并设置交互事件和动作，完成后单击工具栏中的"预览"按钮，在打开的浏览器中查看交互效果，如图 4-47 所示。

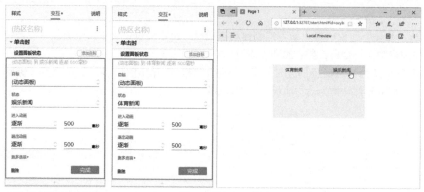

图4-46 设置交互效果　　　　　　图4-47 完成交互事件与动作并查看效果

4.2.12 内联框架

"内联框架"元件是网页设计中的iFrame框架，iFrame是HTML语言的一个控件，用于在一个页面中显示另外一个页面。

从Axure RP 7.0版本开始，使用内联框架元件可以应用任何以"http://"开头的URL标示内容，如一张图片、一个网站或一个Flash，只要可以使用URL标示，即可显示在内联框架元件中。

在"元件"面板中选中"内联框架"元件并将其拖曳到页面中，"内联框架"元件的效果如图4-48所示。

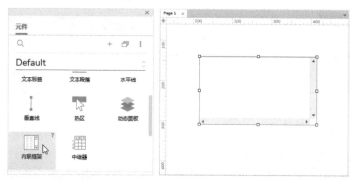

图4-48 "内联框架"元件

双击"内联框架"元件，弹出"链接属性"对话框。用户可以在该对话框中选择想要链接的当前项目中的任意内部页面，或在该对话框中设置绝对地址，即可链接外部页面，如图4-49所示。

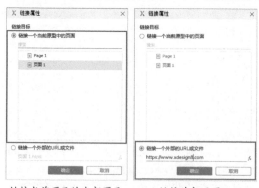

链接当前项目的内部页面　　　　链接外部网页

图4-49 "链接属性"对话框

4.2.13 中继器

"中继器"元件可以用来生成由重复条目组成的列表页，如网页中的商品列表、联系人列表和视频列表等。用户还可以非常方便地通过预先设定的事件，对列表进行新增条目、删除条目、编辑条目、排序和分页等操作。

在"元件"面板中选中"中继器"元件并将其拖曳到页面中，"中继器"元件的效果如图4-50所示。

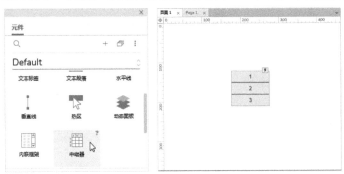

图4-50 "中继器"元件

双击"中继器"元件，进入中继器编辑页面，如图4-51所示。用户可以在"样式"面板中对中继器的数据进行设置，以获得满意的页面效果，如图4-52所示。

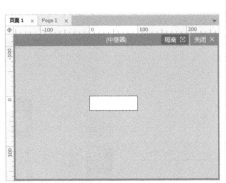

图4-51 "中继器"编辑页面　　图4-52 设置数据

- 上方添加行：单击该按钮，将在当前行上方添加一行。
- 下方添加行：单击该按钮，将在当前行下方添加一行。
- 删除行：单击该按钮，将删除选中行。
- 上移/下移选中行：单击该按钮，将向上或向下移动行。
- 左侧添加列：单击该按钮，将在当前列左侧添加一列。
- 右侧添加列：单击该按钮，将在当前列右侧添加一列。
- 删除列：单击该按钮，将删除选中列。
- 左移/右移选中列：单击该按钮，将向左或向右移动列。

4.2.14 应用案例——使用中继器制作活动列表页

源文件：资源包\源文件\第4章\4-2-14.rp
素　材：资源包\素材\第4章\42141.jpg~42144.jpg
技术要点：使用【中继器制作活动列表页】的方法

扫描查看演示视频　扫描下载素材

STEP 01 新建一个文件，在"元件"面板中选中"中继器"元件，将其拖曳到页面中。双击"中继器"元件，

75

进入中继器元件的编辑页面,使用其他元件完成样本活动页的制作,在"样式"面板中为各个元件命名,如图 4-53 所示。

STEP 02 在空白处单击并在"样式"面板的"数据"选项中设置"name""status""start""end""image"数值,如图 4-54 所示。

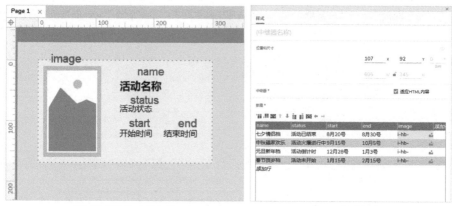

图4-53 制作活动列表页　　　　　　　　　　图4-54 设置数值

STEP 03 在"交互"面板中继续为"每项加载"的交互事件添加"设置文本"和"设置图片"动作,在"样式"面板中设置"间距"和"布局"数值,如图 4-55 所示。

STEP 04 设置完成后,单击中继器编辑页面右上角的"关闭"按钮,回到主页面后单击工具栏中的"预览"按钮,在浏览器中查看效果,如图 4-56 所示。

图4-55 添加交互事件和动作　　　　　　　　图4-56 查看效果

4.3　表单元件

　　Axure RP 9为用户提供了丰富的表单元件,便于用户在设计制作原型时,能够完成更加逼真的表单效果。表单元件主要包括文本框、文本域、下拉列表、列表框、复选框和单选按钮等元件。

4.3.1　文本框

　　"文本框"元件主要用于接受用户输入,但是仅能接受单行的文本输入。在"元件"面板中选中"文本框"元件并将其拖入到页面中,效果如图4-57所示。

　　在"文本框"元件中输入文字,可以在"样式"面板的"排版"选项组中设置字体、颜色和间距等排版参数,如图4-58所示。

图4-57 "文本框"元件　　　　　　图4-58 设置排版样式

　　选择"文本框"元件,在"交互"面板中单击"⋮"按钮,打开如图4-59所示的选项卡,用户可以在打开的样式选项中详细设置其属性。在"类型"下拉列表框中可以选择文本框的不同类型,用于不同的功能,如图4-60所示。

图4-59 设置样式属性　　图4-60 设置文本框的类型

　　在"提示文本"文本框中输入文字,将显示文本框的初始状态;在"最大长度"文本框中输入数值,可以限制文本框输入文字的数量。图4-61所示为设置的提示文本和最大长度的参数;图4-62所示为设置完成后的文本框在浏览器中的预览效果。

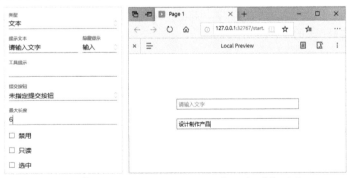

图4-61 设置参数　　　　　图4-62 文本框"预览"效果

　　分别选择"禁用""只读""选中"复选框,可以设置文本框中的文本内容为禁用、只读或选中效果。

4.3.2　文本域

　　文本域能够接受用户进行多行文本的输入。在"元件"面板中选中"文本域"元件并将其拖曳到页面中,效果如图4-63所示。

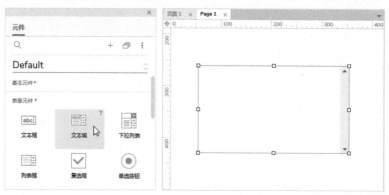

图4-63 "文本域"元件

4.3.3 下拉列表

"下拉列表"元件用来显示一些列表选项，方便用户在多个选项中进行选择（只能选择，不能输入）。在"元件"面板中选中"下拉列表"元件并将其拖曳到页面中，效果如图4-64所示。

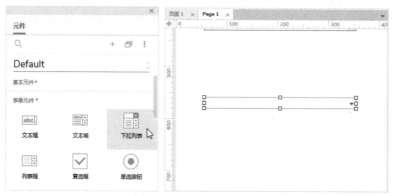

图4-64 "下拉列表"元件

双击"下拉列表"元件，弹出"编辑下拉列表"对话框，单击"+添加"按钮，逐一添加列表，效果如图4-65所示。单击"编辑多项"按钮，弹出"编辑多项"对话框，用户可以在其中依次输入文本内容，也可以完成列表的添加，如图4-66所示。

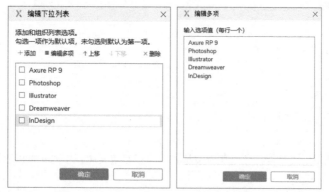

图4-65 "编辑下拉列表"对话框　　图4-66 "编辑多项"对话框

选择某个列表选项前面的复选框，则代表将其设置为默认显示的选项，如图4-67所示。如果没有选择某一复选框，则默认为第一个。

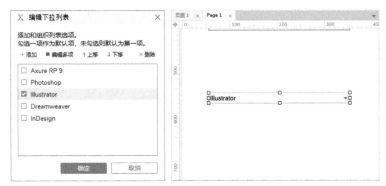

图4-67 设置默认显示的选项

4.3.4　列表框

"列表框"元件一般用于在页面中显示多个供用户选择的选项，并且允许用户多选。在"元件"面板中选中"列表框"元件，将其拖曳到页面中，效果如图4-68所示。

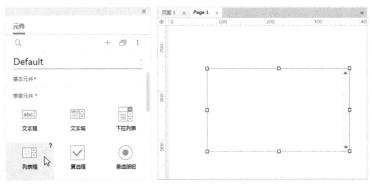

图4-68　"列表框"元件

双击"列表框"元件，用户可以在弹出的"编辑列表框"对话框中为其添加多个列表选项。添加的方法和"下拉列表"元件相同，如图4-69所示。

在"编辑列表框"对话框中选择"允许选中多个选项"复选框，则会允许用户同时选择多个选项，如图4-70所示。

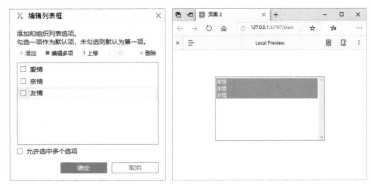

图4-69　"编辑列表框"对话框　　　　图4-70 允许同时选择多个选项

4.3.5　复选框

"复选框"元件允许用户选择多个选项，这些选项的选中状态用一个对号来显示，再次单击则取消选择。在"元件"面板中选中"复选框"元件，将其拖曳到页面中，效果如图4-71所示。

4.3.6 单选按钮

"单选按钮"元件允许用户在多个选项中选择一个选项。在"元件"面板中选中"单选按钮"元件，将其拖曳到页面中，效果如图4-72所示。

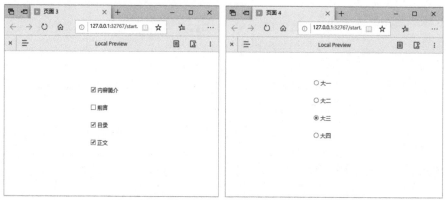

图4-71 "复选框"元件　　　　　　　　　　图4-72 "单选按钮"元件

为了实现单选按钮的单选效果，必须将多个单选按钮同时选中，单击鼠标右键，在弹出的快捷菜单中选择"指定单选按钮的组"命令，弹出"选项组"对话框。用户可以在其中为单选按钮组命名，如图4-73所示。完成后单击"确定"按钮，单选效果设置完毕。

用户也可以在"交互"面板中单击" ⋮ "按钮，在打开的选项卡的"单选按钮组"文本框中为其命名，同样可以实现单选效果，如图4-74所示。

图4-73 设置单选按钮组名称　　　　　　　图4-74 为单选按钮组命名

4.3.7 应用案例——制作淘宝会员登录页

源文件：资源包\源文件\第4章\4-3-7.rp
素　材：无
技术要点：掌握【制作淘宝会员登录页】的方法

扫描查看演示视频

STEP 01 新建一个文件，将"矩形1"元件拖曳到页面中，在"样式"面板中修改其尺寸为375px×320px，将"水平线"元件插入到页面中，并修改其颜色和边框，效果如图 4-75 所示。

STEP 02 将"文本框"元件插入到页面中，修改其宽度为280px，并复制一个，将"文本标签"元件插入页面中，修改文本内容，如图 4-76 所示。

图4-75 添加"矩形"和"水平线"元件并设置参数　图4-76 添加"文本框"和"文本标签"元件并设置参数

STEP 03 将"复选框"元件拖曳到页面中，并修改文本内容，将"主要按钮"元件拖曳到页面中，修改其宽度为 280px，修改按钮内的文本内容，如图 4-77 所示。

STEP 04 将"链接按钮"元件拖曳到页面中，修改文本内容，继续使用"三级标题"元件和"矩形 3"元件完成其他部分的制作，完成后的效果如图 4-78 所示。

图4-77 添加"复选框"和"主要按钮"元件　　　图4-78 完成后的效果

4.4 菜单|表格元件

Axure RP 9为用户提供了实用的"菜单｜表格"元件，用户可以使用该元件非常方便地制作数据表格和各种形式的菜单。"菜单｜表格"元件主要包括树状菜单、表格、水平菜单和垂直菜单，接下来逐一进行介绍。

4.4.1 树

"树"的主要功能是用来创建一个属性目录。在"元件"面板中选中"树"元件，将其拖曳到页面中，效果如图4-79所示。

单击元件中选项名称前面的三角形，可将该树状菜单收起，效果如图4-80所示。双击单个菜单可以修改菜单内容，效果如图4-81所示。

图4-79 树状菜单元件　　　　图4-80 收起树状菜单　　　　图4-81 修改菜单内容

> **提示** 树状菜单中带有箭头的选项表示其下面还有其他选项，单击箭头即可显示。

在元件上单击鼠标右键，然后在弹出的快捷菜单中选择"添加"命令，在打开的子菜单中包括"添加子节点""上方添加节点""下方添加节点"等子命令，如图4-82所示。

图4-82 子菜单命令

- 添加子节点：选择该命令，可以在当前选中菜单下添加一个子菜单，如图4-83所示。
- 上方添加节点/下方添加节点：选择该命令，可以在当前菜单上方或下方添加一个子菜单。

如果用户想要删除某个菜单选项，可以在菜单上单击鼠标右键，在弹出的快捷菜单中选择"删除节点"命令，即可将当前选项删除，如图4-84所示。

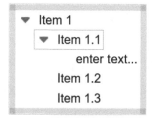

图4-83 添加子节点　　　　图4-84 选择"删除节点"命令

4.4.2 应用案例——美化树状菜单的图标

源文件：资源包\源文件\第4章\4-4-2.rp
素　材：资源包\素材\第4章\43701.png~43703.png
技术要点：掌握【美化树状菜单图标】的方法

扫描查看演示视频　扫描下载素材

STEP 01 新建一个文件。将"树"元件拖曳至页面中，分别双击单个菜单，修改文字选项，用鼠标右键单击"网易"选项，在弹出的快捷菜单中选择"添加 > 添加子节点"命令，添加两个选项并修改文字内容，如图 4-85 所示。

STEP 02 单击鼠标右键，在弹出的快捷菜单中选择"编辑树属性"命令，弹出"树属性"对话框，单击第一个"导入"按钮，导入"素材\第 4 章\43701.png"图片，单击第二个"导入"按钮，导入"43702.png"图片，如图 4-86 所示，单击"确定"按钮。

 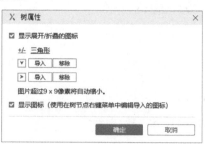

图4-85 添加"树"元件并修改内容　　　图4-86 "树属性"对话框

STEP 03 在元件上单击鼠标右键，在弹出的快捷菜单中选择"编辑图标"命令，弹出"编辑图标"对话框，单击"导入"按钮，导入"素材\第4章\43703.png"图片，如图4-87所示。

STEP 04 单击"确定"按钮，优化后的树状菜单如图4-88所示。

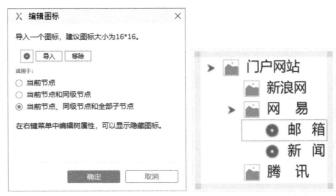

图4-87 "编辑图标"对话框　　　　图4-88 优化树状菜单

提示　　　"树"元件具有一定的局限性，显示树节点上添加的图标，所有选项都会自动添加图标的位置，且元件的边框也不能自定义格式。如果想要制作更多效果，可以考虑使用"动态面板"元件。

4.4.3 表格

使用"表格"元件可以在页面上显示表格数据。在"元件"面板中选中"表格"元件，将其拖曳到页面中，效果如图4-89所示。

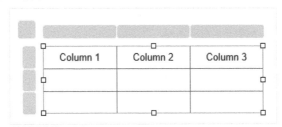

图4-89 "表格"元件

在"表格"元件上单击鼠标右键，在弹出的快捷菜单中选择"选择行"或"选择列"命令，即可选中当前行或当前列，如图4-90所示。

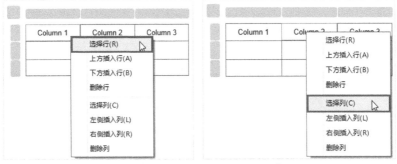

图4-90 选择"选择行"或"选择列"命令

选择行或列后，可以在"样式"面板中为其指定"填充"色和边框粗细，也可以在工具栏中为其指定填充色、边框颜色和粗细，效果如图4-91所示。

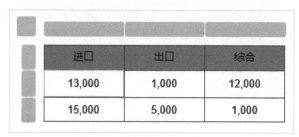

图4-91 设置填充色、边框颜色和粗细

如果用户想增加列或者行，可以在表格元件上单击鼠标右键，在弹出的快捷菜单中选择相应的命令即可，如图4-92所示。

图4-92 插入行或列

● 上方插入行/下方插入行：选择该命令，将在当前行的上方或下方添加一行。
● 删除行：选择该命令，将删除当前所选行。
● 左侧插入列/右侧插入列：选择该命令，将在当前列的左侧或右侧添加一列。
● 删除列：选择该命令，将删除当前所选列。

4.4.4 水平菜单

使用"水平菜单"元件可以在页面上轻松地制作水平菜单效果。选择"水平菜单"元件，将其拖曳到页面中，效果如图4-93所示。

图4-93 "水平菜单"元件

双击菜单名，即可修改菜单文字，效果如图4-94所示。在元件上单击鼠标右键，在弹出的快捷菜单中选择"编辑菜单填充"命令，弹出"菜单项填充"对话框，在其中设置填充的大小并选择应用范围，如图4-95所示。

图4-94 修改菜单文字　　　　图4-95 "菜单项填充"对话框

设置"填充"为10px，应用到当前菜单，单击"确定"按钮，效果如图4-96所示。选择"水平菜单"元件，可以在"样式"面板中为其指定"填充"颜色；选择单元格，为其指定"填充"颜色，效果如图4-97所示。

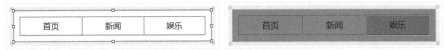

图4-96 设置填充宽度后的效果　　　　图4-97 设置"水平菜单"和"单元格"的填充颜色

如果希望添加菜单选项，可以在元件上单击鼠标右键，在弹出快捷菜单中选择相应的命令，如图4-98所示。即可在当前菜单的前方或者后方添加菜单。选择"删除菜单项"命令，即可删除当前菜单。

图4-98 添加菜单项

在元件上单击鼠标右键，在弹出的快捷菜单中选择"添加子菜单"命令，即可为当前单元格添加子菜单，双击单元格为其添加文字，效果如图4-99所示。使用相同的方法，可以继续添加子菜单，如图4-100所示。

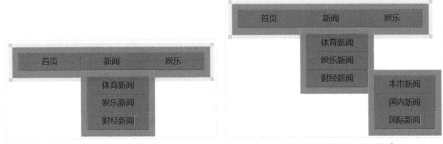

图4-99 添加子菜单　　　　　　　　　图4-100 继续添加子菜单

4.4.5　垂直菜单

使用"垂直菜单"元件可以在页面上轻松地制作垂直菜单。在"元件"面板中选中"垂直菜单"元件，将其拖曳到页面中，效果如图4-101所示。

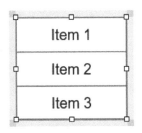

图4-101 "垂直菜单"元件

 提示　　"垂直菜单"元件与"水平菜单"元件的使用方法基本相同，此处就不再赘述了。

4.5 标记元件

Axure RP 9中的标记元件用来帮助用户对产品进行说明和标注。"标记"元件主要包括快照、水平箭头、垂直箭头、便签、圆形标记和水滴标记，接下来逐一进行介绍。

4.5.1 快照

快照可让用户捕捉引用页面或主页面的图像。捕捉后可以设置在快照元件中显示整个页面图像或页面图像的一部分，也可以在捕捉图像之前对需要应用交互的页面建立一个快照。在"元件"面板中选中"快照"元件，将其拖曳到页面中，效果如图4-102所示。

图4-102 "快照"元件

双击元件，弹出"引用页面"对话框，如图4-103所示。在该对话框中可以选择引用的页面或母版，引用效果如图4-104所示。

图4-103 "引用页面"对话框　　　图4-104 引用效果

在"样式"面板的"快照"选项组中可以看到快照元件的各项参数，如图4-105所示。取消选择"适应比例"复选框，引用页面将以实际尺寸显示，如图4-106所示。

图4-105 元件参数　　　图4-106 以实际尺寸显示页面

双击元件，当鼠标光标变为 🖑 状态时，可以拖曳查看引用页面。滚动鼠标滚轴，可以缩小或放大引用页面，如图4-107所示。用户也可以拖曳调整快照的尺寸，如图4-108所示。

图4-107 移动、放大或缩小引用页面　　　　图4-108 拖曳调整快照尺寸

4.5.2 水平箭头和垂直箭头

使用箭头元件可以在页面中进行标注。Axure RP 9提供了水平箭头和垂直箭头两种箭头元件。在"元件"面板中选中"水平箭头"或"垂直箭头"元件，将其拖曳到页面中，效果如图4-109所示。

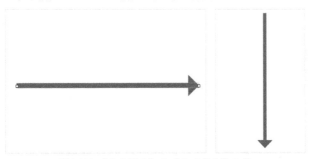

图4-109 "水平箭头"和"垂直箭头"元件

在页面中选中箭头元件，可以在工具栏中设置其颜色、粗细和样式，还可以对箭头的方向进行修改，如图4-110所示。

图4-110 设置箭头元件的颜色、粗细和样式并改变箭头方向

4.5.3 便签

Axure RP 9为用户提供了4种不同颜色的便签，以便用户在原型标注中使用。在"元件"面板中选中"标签1"~"标签4"元件，将其拖曳到页面中，效果如图4-111所示。

图4-111 "标签"元件

在页面中选择元件，可以在工具栏中对其样式进行修改，包括修改填充颜色、边框颜色和投影样式等，如图4-112所示。双击元件，即可在元件中输入文字内容，如图4-113所示。

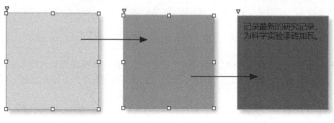

图4-112 修改颜色　　　　　　图4-113 输入文字

4.5.4　圆形标记和水滴标记

Axure RP 9为用户提供了两种不同形式的标记元件："圆形标记"元件和"水滴标记"元件。在"元件"面板中选中"标记"元件，将其拖曳到页面中，效果如图4-114所示。

图4-114 "圆形标记"和"水滴标记"元件

"标记"元件的主要作用是在原型上添加标记说明。双击元件，可以为其添加文字；选中元件，可以在工具栏中修改其填充颜色、线框颜色、线框粗细、线框样式和阴影样式，效果如图4-115所示。

图4-115 为元件添加文字和修改其填充、阴影

4.6　流程图

Axure RP 9提供了专用的流程图元件供用户设计制作流程图。除了一些常用的几何形状，如作为决策点的菱形，还有一些特殊形状，如数据库、括弧及角色等。

单击"元件"面板顶部的元件库输入框，在打开的下拉列表框中选择"Flow"选项，面板中将呈现流程图元件，如图4-116所示。

图4-116 流程图元件

4.6.1 矩形和矩形组

矩形一般用于执行处理，在流程图中常被用作执行框，也可以是一个页面。矩形组则代表的是多个要执行的处理页面组。

在"元件"面板的"Flow"元件库中选中"矩形"或"矩形组"元件，将其拖曳到页面中，效果如图4-117所示。

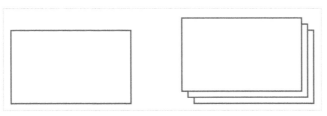

图4-117 "矩形"和"矩形组"元件

4.6.2 应用案例——设计制作手机产业流程图

源文件：资源包\源文件\第4章\4-6-2.rp
素　材：无
技术要点：掌握【制作手机产业流程图】的方法

扫描查看演示视频

STEP 01 新建一个文件，将"矩形"流程图元件拖曳到页面中并设置其样式。双击元件输入文本，按住【Ctrl】键拖曳复制多个矩形元件并修改文本内容，效果如图 4-118 所示。

STEP 02 单击工具栏中的"连接"按钮，在第 1 个矩形元件右侧和第 4 个矩形元件右侧创建连接线，在"样式"面板中单击"圆角折线"按钮，设置连接线样式，如图 4-119 所示。

图4-118 添加多个"矩形"流程图元件　　　图4-119 设置连接线样式

89

STEP 03 在页面右侧的第 1 个矩形的左侧和第 3 个矩形左侧创建连接线，在连接线中间位置双击，输入文本，如图 4-120 所示。

STEP 04 使用"连接"工具创建连接线，在工具栏中设置箭头样式和线段类型，完成手机产业流程图的制作，如图 4-121 所示。

图4-120 创建连接线并输入文本　　　　　　　图4-121 创建连接线并设置样式

4.6.3 圆角矩形和圆角矩形组

圆角矩形在流程图中代表程序的开始或者结束，常被用作起始框或者结束框。圆角矩形组则代表多个开始项目。

在"元件"面板的"Flow"元件库中选中"圆角矩形"或"圆角矩形组"元件，将其拖曳到页面中，效果如图4-122所示。

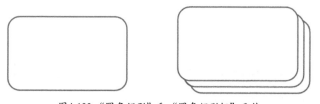

图4-122 "圆角矩形"和"圆角矩形组"元件

4.6.4 斜角矩形和菱形

斜角矩形在流程图中代表数据。在"元件"面板的"Flow"元件库中选中"斜角矩形"元件，将其拖曳到页面中，效果如图4-123所示。

菱形在流程图中常常表示决策或判断（如If…Then…Else），在程序流程图中常被用作判别框。在"元件"面板的Flow元件库中选中"菱形"元件，将其拖曳到页面中，如图4-124所示。

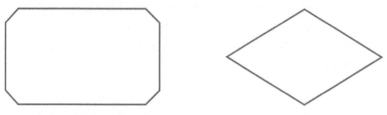

图4-123 "斜角矩形"元件　　　　　　　　图4-124 "菱形"元件

4.6.5 文件和文件组

"文件"元件代表一个文件，可以是生成的文件或者调用的文件。如何定义，需要用户根据实际情况而定。"文件组"元件则代表多个元件。

在"元件"面板的"Flow"元件库中选中"文件"或"文件组"元件，将其拖曳到页面中，效果如图4-125所示。

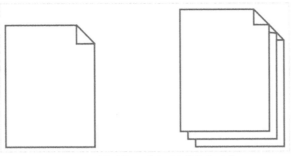

图4-125 "文件"元件和"文件组"元件

4.6.6 括弧

"括弧"元件主要代表注释或者说明，也可以用作条件叙述。一般流程到某一个位置后需要做一段执行说明或者标注特殊行为时，会用到它。

在"元件"面板的"Flow"元件库中选中"括弧"元件，将其拖曳到页面中，效果如图4-126所示。

4.6.7 半圆形

"半圆形"元件常作为页面跳转和流程跳转的标记，经常被用于制作流程图。在"元件"面板的"Flow"元件库中选中"半圆形"元件，将其拖曳到页面中，效果如图4-127所示。

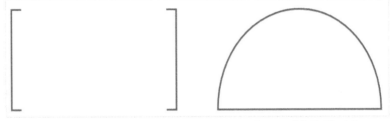

图4-126 "括弧"元件　　　　　　图4-127 "半圆形"元件

4.6.8 三角形

"三角形"元件主要用于传递信息，也可用于传递数据，且三角形元件一般和线条类的元件配合使用。

在"元件"面板的"Flow"元件库中选中"三角形"元件，将其拖入到页面中，效果如图4-128所示。

4.6.9 梯形

梯形元件一般代表手动操作。在"元件"面板的"Flow"元件库中选中"梯形"元件，将其拖曳到页面中，效果如图4-129所示。

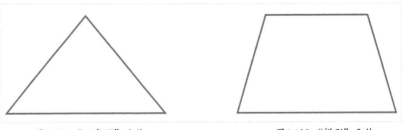

图4-128 "三角形"元件　　　　　　图4-129 "梯形"元件

4.6.10 椭圆形

如果是一个小圆，可以表示按顺序进行流程。如果是椭圆形，通常用作流程的结束。有时，"椭圆形"元件也代表一个案例。

在"元件"面板的"Flow"元件库中选中"椭圆形"元件，将其拖曳到页面中，效果如图4-130所示。

4.6.11 六边形

"六边形"元件表示准备之意，制作流程图时，通常用作流程的起始，如起始框。在"元件"面板的"Flow"元件库中选中"六边形"元件，将其拖曳到页面中，效果如图4-131所示。

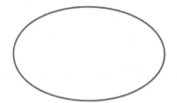

图4-130 "椭圆形"元件

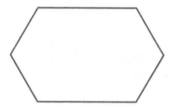

图4-131 "六边形"元件

4.6.12 平行四边形

"平行四边形"元件一般用来表示数据或确定的数据处理，也常被用来表示资料输入。在"元件"面板的"Flow"元件库中选中"平行四边形"元件，将其拖曳到页面中，效果如图4-132所示。

4.6.13 角色

"角色"元件用来模拟流程中执行操作的角色。需要注意的是，角色并非一定是人，有时为机器自动执行，有时为模拟一个系统管理。在"元件"面板的"Flow"元件库中选中"角色"元件，将其拖曳到页面中，效果如图4-133所示。

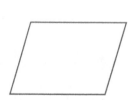

图4-132 "平行四边形"元件

图4-133 "角色"元件

4.6.14 数据库

"数据库"元件是指保存网站数据的数据库。在"元件"面板的"Flow"元件库中选中"数据库"元件，将其拖曳到页面中，效果如图4-134所示。

4.6.15 快照

此处的"快照"元件与"标记"元件中的"快照"元件功能相同，只是此处的"快照"元件参与流程图制作。在"元件"面板的"Flow"元件库中选中"快照"元件，将其拖曳到页面中，效果如图4-135所示。

4.6.16 图片

"图片"元件在流程图元件中代表一个图片，在"元件"面板的"Flow"元件库中选中"图片"元件，将其拖入到页面中，效果如图4-136所示。

图4-134 "数据库"元件

图4-135 "快照"元件

图4-136 "图片"元件

4.6.17 新增流程图元件

除了上述流程图元件，Axure RP 9中还新增了18个流程图元件，其位于"元件"面板中的"数据库"元件后面，"元件"面板如图4-137所示。

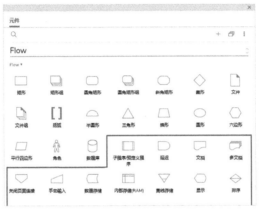

图4-137 新增的流程图元件

4.7 图标元件

Axure RP 9为用户提供了很多美观且实用的图标元件，用户使用这些元件可以提升原型设计的效率。默认情况下，图标元件被保存在"元件"面板的下拉列表框中，如图4-138所示。选择"Icons"（图标）选项，即可将图标元件库显示出来，如图4-139所示。

图4-138 "元件"面板的下拉列表框　　　图4-139 图标元件

Axure RP 9为用户提供了Web应用、辅助功能、手势、运输工具、性别、文件类型、加载中、表单控件、支付、图表、货币、文本编辑、方向、视频播放、商标和医学16组图标元件。

选中元件并将其拖曳到页面中，效果如图4-140所示。用户可以修改元件的填充和线段样式，以实现更丰富的图标效果，如图4-141所示。

图4-140 使用图标元件

图4-141 修改图标样式

4.8　Sample UI Patterns

为了方便用户快速、高效地完成UI产品的原型设计制作，Axure RP 9将一些常用的UI交互效果以元件库的形式放置在"元件"面板的下拉列表框中，并以Sample UI Patterns命名，如图4-142所示。

"Sample UI Patterns"元件库中的交互元件按功能被分为4个种类，分别是输入控件、容器、导航和内容，如图4-143所示。

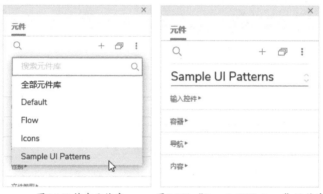

图4-142 搜索元件库　　图4-143 "Sample UI Patterns"元件库

4.8.1　按功能分组

输入控件组中包括说明、按钮组、滑块、开关、多选、日历选择器、时间选择器、预测性搜索和单选按钮组等元件，如图4-144所示。容器组中包括说明、标签、幻灯片、轮播和手风琴元件，如图4-145所示。

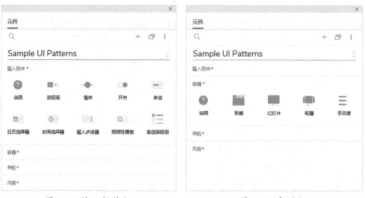

图4-144 输入控件组　　　　　　　　图4-145 容器组

导航组中包括说明、分页条、导航栏和步骤元件，如图4-146所示。内容组中包括说明、卡片、工具提示、弹出窗口、登录表单、图表、可筛选/排序表格和正在加载元件，如图4-147所示。

图4-146 导航组　　　　　　　　　　图4-147 内容组

4.8.2 应用案例——制作手风琴效果的展示图片

源文件：资源包\源文件\第4章\4-8-2.rp
素　材：资源包\素材\第4章\48201.jpg~48203.jpg
技术要点：掌握【制作手风琴效果的展示图片】的方法

扫描查看演示视频　扫描下载素材

STEP 01 新建一个文件，在"元件"面板中选择"Sample UI Patterns"元件库，选中"容器"选项卡下的"手风琴"元件，如图 4-148 所示。

STEP 02 在"概要"面板中选中动态面板"Panel 1"的"State 1"状态，在"样式"面板中设置状态的高度，如图 4-149 所示。

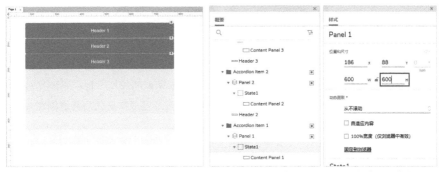

图4-148 添加元件　　　　　　　　图4-149 选中动态面板的状态并设置高度

STEP 03 在"概要"面板中选中"Content Panel 1"元件，在"样式"面板中设置宽度和填充图片，如图 4-150 所示。使用相同的方法为"Panel 2"动态面板元件和"Panel 3"动态面板元件设置状态尺寸和填充图片。

STEP 04 设置完成后，回到主页面，单击工具栏中的"预览"按钮，在打开的浏览器中预览交互效果，如图 4-151 所示。

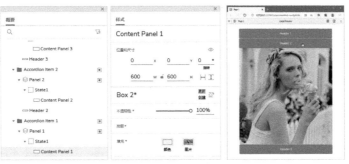

图4-150 设置宽度和填充图片　　　　　　图4-151 预览交互效果

4.9　答疑解惑

通过对元件的学习，读者应该基本掌握了在Axure RP 9中创建页面的方法和技巧，并掌握了基本元件、表单元件、菜单和表格元件、标记元件及流程图元件等的使用方法。

4.9.1　如何制作树状菜单元件的图标？

使用菜单元件制作页面时，通常会有很多精美的小图标。用户除了可以从网上下载免费素材，还可以使用Photoshop等软件制作。需要注意的是，制作的图片尺寸要符合Axure RP 9的要求。

例如，树状菜单中的折叠图标要求在9px×9px以下，图标要求在16px×16px以下。在Photoshop中新建文档时，要完全符合这个要求，如图4-152所示。

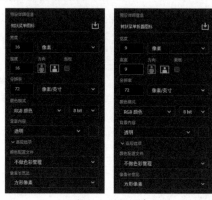

图4-152 图标尺寸

4.9.2　尽量用一个元件完成功能

很多Axure RP的初级和高级用户都在不经意间使用了不必要的元件。每一个添加到项目中的元件，当在未来需要更改时都要耗费更多时间，所有这些工作在经过多次迭代后会逐渐增加。因此，尽量使用一个元件完成功能，而不要使用多个元件叠加。

图4-153所示的标签是由矩形、文本标签和热区3个元件组成的。当元件需要修改时，会耗费大量时间。如果直接使用在矩形框中添加文字的方法，则会提高制作效率，如图4-154所示。

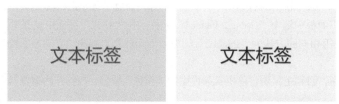

图4-153 多个元件组成标签　　　　图4-154 用矩形元件组成标签

4.10　总结扩展

元件是Axure RP 9制作产品原型的最基本单位，不同的元件具有不同的功能和意义。通过本章的学习，读者要了解所有元件的基本功能和使用方法，并在制作案例的同时总结不同元件的区别及应用技巧。

4.10.1　本章小结

本章带领读者对Axure RP 9中的元件进行了全面的学习和了解。通过学习本章内容，读者在了解每个元件的使用方法的同时，还对其在实际的原型设计中的应用技巧进行了研究。元件是组成原型的基本单位，只有熟练掌握其使用方法，才能完成原型作品的制作。

4.10.2 扩展练习——设计制作注册页原型

源文件：资源包\源文件\第4章\4-10-2.rp
素　材：资源包\素材\第4章\410201.jpg
技术要点：掌握【设计制作注册页原型】的方法

扫描查看演示视频　扫描下载素材

掌握了Axure RP 9中元件和元件库的使用方法后，用户可以综合使用多个元件完成原型页面的制作。接下来设计制作一个注册页原型，制作完成后的注册页原型页面效果如图4-155所示。

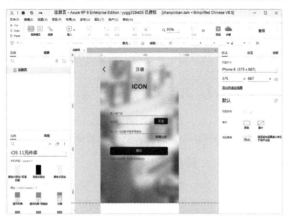

图4-155 原型效果

读书
笔记

Point

第5章 元件的属性与样式

Axure RP 9为元件提供了丰富的样式，用户可以利用元件样式制作出效果丰富且精美的页面效果。本章将针对元件的属性和元件的样式进行详细介绍，包括元件的各项属性、元件样式的创建和应用，以及如何使用格式刷快速为元件创建样式的方法和技巧。

5.1 元件的转换

为了实现更多的元件效果，且便于原型的创建与编辑，Axure RP 9允许用户将元件转换为其他形状，而且能够再次编辑。

5.1.1 转换为形状

将任意元件拖曳到页面中，如图5-1所示。在元件上单击鼠标右键，在弹出的快捷菜单中选择"选择形状"命令，打开如图5-2所示的"选择形状"面板。

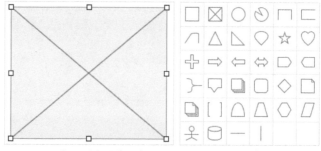

图5-1 添加元件　　　　图5-2 选择形状

选择任意一个形状图标，元件将自动转换为该形状，如图5-3所示。拖动图形上的黄色控制点，可以继续编辑形状，编辑后的效果如图5-4所示。

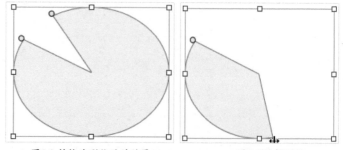

图5-3 转换为形状后的效果　　　　图5-4 编辑形状

用户也可以单击工具栏中的"插入"按钮，在打开的下拉列表框中选择"形状"选项，在打开的自定义形状面板中选择个形状，

Learning Objectives
学习重点

98 页
元件的转换

102 页
制作八卦图形

114 页
为商品列表添加样式

117 页
创建元件样式

118 页
应用元件样式

121 页
使用格式刷为表格添加样式

123 页
制作热门车型列表页

如图5-5所示。在页面中单击并拖曳鼠标，即可绘制一个任意尺寸的形状，如图5-6所示。

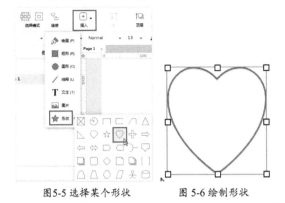

图5-5 选择某个形状　　　　　图5-6 绘制形状

5.1.2 转换为图片

有时为了便于操作，还可将元件转换为"图片"元件。在元件上单击鼠标右键，在弹出的快捷菜单中选择"变换形状>转换为图片"命令，如图5-7所示。即可将当前元件转换为"图片"元件，如图5-8所示。

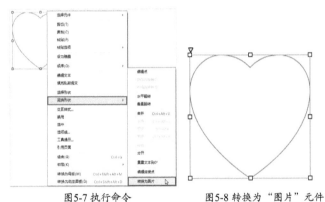

图5-7 执行命令　　　　　图5-8 转换为"图片"元件

提示 转换为图片后的元件将失去其原有的属性，新元件将作为一个"图片"元件使用。

5.2 元件的属性

选择一个元件，用户可以在"样式""交互"或"说明"面板的顶部为其指定名称，以便通过动作为其添加交互效果，如图5-9所示。

图5-9 "样式"面板

5.2.1 元件说明

在"说明"面板中，用户可以输入该元件的说明文字，如图5-10所示。也可以单击⚙按钮或者执行"项目>说明字段设置"命令，弹出"说明字段设置"对话框，为其添加自定义字段，如图5-11所示。

图5-10 "说明"面板　　　　　　　　　图5-11 "说明字段设置"对话框

5.2.2 编辑元件

Axure RP 9为用户提供了更自由的编辑元件的方法。选中元件，单击工具栏中的"点"按钮或者双击元件的边框，即可进入元件的编辑模式，如图5-12所示。

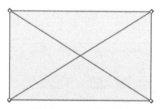

图5-12 编辑"点"模式

直接拖曳锚点，即可调整元件的形状，如图5-13所示。将光标移至两个锚点的连接线上，单击即可添加一个锚点。多次添加锚点并调整形状，效果如图5-14所示。

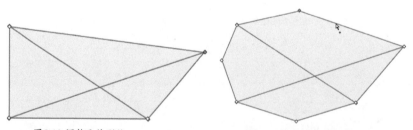

图5-13 调整元件形状　　　　　　　　图5-14 添加锚点并调整形状

在锚点上单击鼠标右键，弹出如图5-15所示的快捷菜单。用户可以将锚点转换为曲线、直线或者删除当前锚点。选择"曲线"命令后，形状将变成曲线，如图5-16所示。

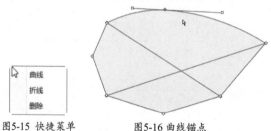

图5-15 快捷菜单　　　　　　图5-16 曲线锚点

　　曲线锚点由两条方向线控制弧度，直接拖曳任意方向线顶端的黄色控制点可以同时调整两条方向线，实现对曲线形状的改变，如图5-17所示。按住【Ctrl】键的同时拖曳方向线上的控制点，可以实现调整单条方向线的操作，如图5-18所示。

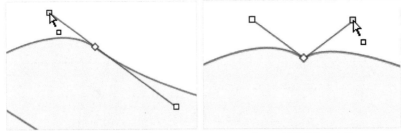

图5-17 调整两条方向线　　　　　　　　图5-18 调整单条方向线

 提示　在锚点上双击，可以快速在"直线"锚点与"曲线"锚点之间转换。

5.2.3　元件的运算

　　通过对元件进行运算操作，可以获得更加丰富、完整的图形效果。Axure RP 9为用户提供了"合并""去除""相交""排除"4种运算操作。

◀)) 合并

　　选中两个或两个以上的元件，如图5-19所示。单击鼠标右键，在弹出的快捷菜单中选择"变换形状>合并"命令，即可将所选元件合并成一个新的元件，如图5-20所示。

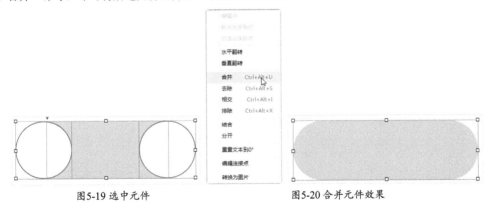

图5-19 选中元件　　　　　　　　　　图5-20 合并元件效果

◀)) 去除

　　选中两个或两个以上的元件，如图5-21所示。单击鼠标右键，在弹出的快捷菜单中选择"变换形状>去除"命令，去除效果如图5-22所示。

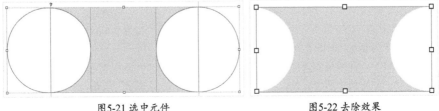

图5-21 选中元件　　　　　　　　　　图5-22 去除效果

◀)) 相交

选中两个元件，单击鼠标右键，在弹出的快捷菜单中选择"变换形状>相交"命令，相交效果如图5-23所示。

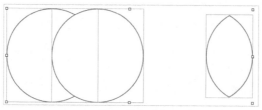

图5-23 相交效果

◀)) 排除

选中两个或两个以上的元件，单击鼠标右键，在弹出的快捷菜单中选择"变换形状>排除"命令，排除效果如图5-24所示。

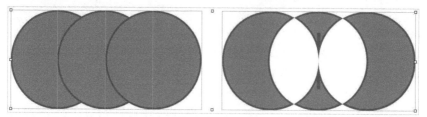

图5-24 排除效果

除了执行快捷命令完成元件的运算，用户还可以通过单击"样式"面板中的运算按钮，完成元件的运算操作。选中两个或两个以上的元件后，"样式"面板如图5-25所示，右下方的4个按钮分别代表合并、去除、相交和排除4种运算操作。

图5-25 "样式"面板中的运算按钮

5.2.4 应用案例——制作八卦图形

源文件：资源包\源文件\第5章\5-2-4.rp
素　材：无
技术要点：掌握【制作八卦图形】的方法

扫描查看演示视频

STEP 01 新建一个文件。将"圆形"元件拖曳到页面中，修改其尺寸为200px×200px，设置颜色填充为黑色，线段线宽为0px，如图5-26所示。

STEP 02 将"矩形1"元件拖曳到页面中，修改其尺寸为100px×200px，设置线段线宽为0px。移动矩形到圆形左侧，同时选中两个元件，单击"样式"面板中的"去除"按钮，效果如图5-27所示，完成元件的运算。

图5-26 添加"圆形"元件

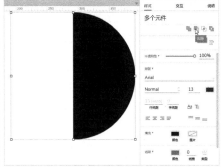
图5-27 完成元件运算

STEP 03 添加两个大小为 100px×100px 的圆形元件。选中下面的圆和底部的半圆，单击"样式"面板中的"去除"按钮。选中两个元件，单击"样式"面板中的"合并"按钮，完成元件运算如图 5-28 所示。

STEP 04 再次添加一个 200px×200px 的圆形元件，设置线段线宽为黑色，调整顺序和位置。分别创建两个尺寸为 20px×20px 的圆形元件，修改元件的填充颜色，完成后的效果如图 5-29 所示。

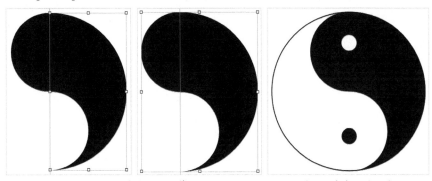
图5-28 完成元件运算　　　　　　　　　　　图5-29 完成后的效果

5.2.5 元件提示

为了方便浏览者了解原型中每一个元件的功能，用户可以为元件添加"工具提示"。在预览页面时，当光标移动到该元件上时，会自动显示元件提示内容。

选中某个元件，单击鼠标右键，在弹出的快捷菜单中选择"工具提示"命令，弹出"工具提示"对话框。在文本框中为元件添加功能解释说明，如图5-30所示。

完成后单击"确定"按钮，继续单击工具箱中的"预览"按钮，打开浏览器，将鼠标光标移至元件上方，稍等片刻即可自动显示原件的提示内容，如图5-31所示。

图5-30 "工具提示"对话框　　　　　　　　图5-31 显示提示内容

5.3 元件的样式

用户可以在"样式"面板中对元件的各种属性进行设置，包括设置元件的名称、位置和尺寸、不透明性、排版、填充、线段、阴影、圆角和边距，"样式"面板如图5-32所示。

图5-32 "样式"面板

5.3.1 位置和尺寸

在页面中选中任意元件，打开"样式"面板，通过设置元件的位置和尺寸，可以准确地控制元件在页面中的位置和大小，如图5-33所示。

图5-33 设置元件的位置和尺寸

用户可以在"X"和"Y"文本框中输入数值，更改元件的坐标位置。在"W"和"H"文本框中输入数值，控制元件的尺寸。

单击"锁定宽高比例"按钮" 🔓 "，当按钮图标变为" 🔒 "状态时，此时若单独修改"W"或"H"的数值，对应的"H"或"W"的数值将等比例改变。在"旋转"文本框中输入数值，将实现元件的精确旋转操作。

5.3.2 不透明性

用户可以通过拖动"不透明性"选项后面的滑块或者在文本框中手动输入的方式修改元件的不透明性，获得不同透明度的元件效果。"样式"面板中的"不透明性"选项如图5-34所示。

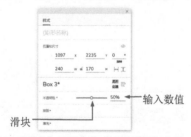

图5-34 "样式"面板中的"不透明性"选项

在页面中添加一个矩形元件并修改填充颜色，在"样式"面板的"不透明性"选项中为元件设置两个不同的样式参数，元件效果如图5-35所示。

原始效果　　　　　　　"不透明性"为80%　　　　　　　"不透明性"为50%

图5-35 元件效果

 提示　　在此处设置不透明性，将会同时影响元件的填充和边框。如果元件内有文字，也将会受到影响。如果需要分开设置，用户可以在颜色拾取器面板中设置不透明性。

5.3.3 排版

除双击元件可以为其添加文本，在元件上单击鼠标右键，在弹出的快捷菜单中选择"填充乱数假文"命令，如图5-36所示，也能完成文本的添加，如图5-37所示。双击文本或选择快捷菜单中的"编辑文本"命令，可以进入文本的编辑模式。

图5-36 执行命令　　　　　　　　　图5-37 填充文本

Axure RP 9为文本提供了丰富的文本属性。在"样式"面板的"排版"选项组中，用户可以对文本的字体、字体样式、字号、颜色、行间距和字间距等参数进行设置，如图5-38所示。

图5-38 排版属性

单击"字体"文本框，用户可以在打开的"WEB安全字体"下拉列表框中选择字体，如图5-39所示。单击"字体样式"文本框，用户可以在打开的下拉列表框中选择适合的字体样式，如图5-40所示。

图5-39 "字体"下拉列表框　图5-40 "字体样式"下拉列表框

　　用户可以在工具栏中的"字号"文本框中单击，打开如图5-41所示的下拉列表框。也可以在"样式"面板的"排版"选项组的"字号"文本框中输入数值，如图5-42所示。这两种方式都可以控制文本的大小。

图5-41 "字号"下拉列表框　　图5-42 "字号"文本框

　　在"样式"面板的"排版"选项组中单击"字号"文本框后面的色块，可以在弹出的拾色器对话框中设置文本的颜色。

◀)) 行间距

　　使用"文本段落"元件时，可以通过设置行间距控制段落显示的效果，行间距分别为14和20时的效果如图5-43所示。

默认间距：14　　　　　自定间距：20

图5-43 设置不同行间距的效果

◀)) 字间距

使用"标题"元件、"文本标签"元件和"文本段落"元件时，可以通过设置字间距控制文本的美观和对齐属性，字间距分别为10和20的效果如图5-44所示。

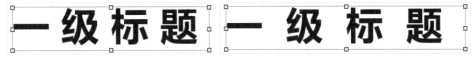

图5-44 设置不同字间距的效果

◀)) 附加文本选项

单击"附加文本选项"按钮，弹出如图5-45所示的对话框。用户可以在其中完成项目符号、粗体、斜体、下划线、删除线、基线和字母的设置。

单击"项目符号"按钮，可以为段落文本添加项目符号标志。图5-46所示为添加项目符号后的文本效果。

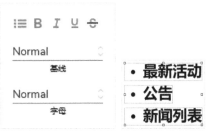

图5-45 附加文本选项　　图5-46 项目符号文本

在页面中添加一级标题元件，在"附加文本选项"面板中单击"粗体"按钮，文本将加粗显示；单击"斜体"按钮，文本将斜体显示；单击"下画线"按钮，文本将添加下划线效果；单击"删除线"按钮，文本将添加"删除线"效果，如图5-47所示。

文字初始效果　　　粗体效果　　　斜体效果　　　下划线效果　　　删除线效果

图5-47 其他附加文本选项

用户可以在"基线"文本框中选择常规、上标和下标选项，制作出如图5-48所示的效果。用户可以在"字母"文本框中选择常规、大写或小写选项，如图5-49所示，完成后元件中的英文字母显示为相应效果。

图5-48 文本基线　　　　　　　　　图5-49 字母大小写

◀)) 文字阴影

单击"文字阴影"按钮，在打开的面板中选择"阴影"复选框，可以为文本添加外部阴影，如图5-50所示。

图5-50 文字阴影效果

🔊)) 对齐
......

使用"标题"元件、"文本标签"元件和"文本段落"元件时，可以在"样式"面板的"排版"选项组中单击"对齐"按钮，将文本的水平对齐方式设置为左侧对齐、居中对齐、右侧对齐和两端对齐，如图5-51所示。文本的垂直对齐方式可以设置为顶部对齐、中部对齐和底部对齐，如图5-52所示。

图5-51 水平对齐 　　图5-52 垂直对齐

5.3.4 填充

在Axure RP 9中，用户可以使用"颜色"和"图片"两种方式填充元件，如图5-53所示。单击"颜色"色块，打开拾色器面板，如图5-54所示。

图5-53 两种填充方式　　图5-54 拾色器面板

Axure RP 9中共提供了单色、线性和径向3种颜色填充类型。用户可以在拾色器面板中选择不同的填充类型，如图5-55所示。

图5-55 3种填充类型

选择"单色"填充类型，可以在拾色器面板中如图5-56所示的位置设置颜色的数值，获得想要的颜色，用户可以输入Hex数值和RGB数值两种模式的颜色值。用户也可以使用吸管工具吸取想要的颜色作为填充颜色。

图5-56 设置颜色值

也可以通过单击拾色器面板中的"色彩空间"或"颜色选择器"按钮，选择不同的模式填充颜色，如图5-57所示。

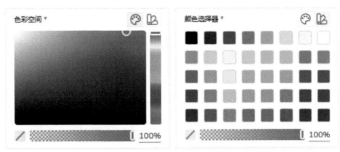

图5-57 选择不同的模式填充颜色

用户还可以拖动滑块或者在文本框中输入数值来设置颜色的半透明效果，如图5-58所示。滑块在最左侧或数值为0%时，填充颜色为完全透明；滑块在最右侧或数值为100%时，填充颜色为完全不透明。

图5-58 设置填充颜色透明性

在拾色器面板的"收藏"选项组中单击➕图标，即可收藏当前所选元件的填充颜色，如图5-59所示。在想要删除的收藏颜色上单击鼠标右键，在弹出的快捷菜单中选择"删除"命令，即可删除收藏颜色，如图5-60所示。

图5-59 收藏颜色　　　　　　图5-60 删除收藏颜色

用户在调整元件的填充颜色时，为了便于比较，拾色器面板的"最近"选项组中保留了用户最近使用的16种颜色，如图5-61所示。当用户选择一种颜色后，拾色器面板的"建议"选项组中将会提供8种颜色供用户搭配使用，如图5-62所示。

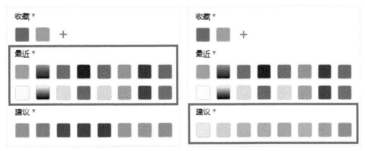

图5-61 最近使用的颜色　　　　　　图5-62 建议使用的颜色

当用户选择"线性"填充类型时，可以在拾色器面板顶部的渐变条上设置线性填充的效果，如图5-63所示。

图5-63 线性渐变条及填充效果

109

默认情况下，线性渐变由两种颜色组成，用户可以通过分别单击渐变条两侧的锚点，设置颜色调整渐变效果，如图5-64所示。用户也可以在渐变条的任意位置单击添加锚点并设置颜色，以实现更为丰富的线性渐变效果，如图5-65所示。

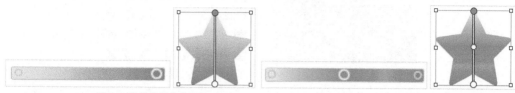

图5-64 设置线性渐变　　　　　　　　图5-65 添加线性渐变颜色

 在调整线性渐变锚点的颜色时，选中的锚点会在元件上显示为绿色，未被选中的将显示为白色。

选中渐变颜色的某个锚点，按住鼠标左键并拖曳锚点，可以实现不同比例的线性渐变填充效果，如图5-66所示。

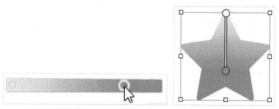

图5-66 拖动调整填充比例

选中渐变条中的锚点，按【Delete】键或者按住鼠标左键并向下拖曳，即可删除锚点。

单击渐变条右侧的C图标，可以顺时针90°、180°和270°旋转线性填充效果，如图5-67所示。

图5-67 旋转线性填充效果

用户如果想要获得更多角度的线性渐变效果，可以直接单击并拖曳元件上的两个控制点，从而获得任意角度的渐变效果，如图5-68所示。

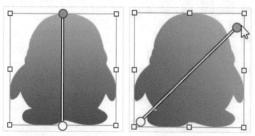

图5-68 拖动调整渐变角度

当用户选择"径向"填充类型时，将实现从中心向外扩展的填充效果，如图5-69所示。用户可以在拾色器面板顶部的渐变条上设置径向渐变的填充效果，如图5-70所示。

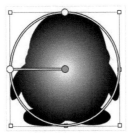 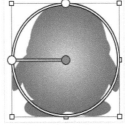

图5-69 径向填充　　　图5-70 设置径向渐变

拖动如图5-71所示的锚点，可以放大或缩小径向渐变的范围。拖动中心的锚点，可以调整径向渐变的中心点，如图5-72所示。拖动如图5-73所示的锚点，可以实现变形径向渐变的效果。

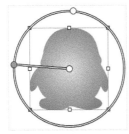 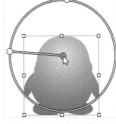 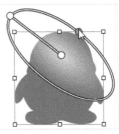

图5-71 调整渐变大小　　图5-72 调整渐变中心点　　图5-73 调整渐变变形

 由于 Axure RP 9 在不断地更新和完善，某些版本中无法实现拖曳调整渐变范围的操作。如果读者使用的版本不能拖曳调整渐变范围，可以尝试更换不同的版本，再次进行尝试。

除了使用不同类型的颜色填充元件，用户也可以使用图片填充元件。单击"图片"图标，弹出如图5-74所示的对话框。选择图片，设置对齐和重复，即可完成图片的填充，如图5-75所示。

图5-74 图片填充对话框　　　图5-75 图片填充效果

 颜色填充和图片填充可以同时应用到一个元件上。图片填充效果会覆盖颜色填充效果。只有当图片采用透底图片素材时，颜色填充才会被显示出来。关于"图片"填充的使用，在本书第 3.3.2 节中已进行了详细介绍，此处就不再赘述。

5.3.5 线段

用户可以在"样式"面板的"线段"选项组中设置线段的颜色、线宽、类型、可见性和箭头样式属性，如图5-76所示。

图5-76 线段属性

选中元件，单击"颜色"色块，用户可以在弹出的拾色器对话框中为线段指定单色和渐变颜色，如图5-77所示。将线宽设置为0时，线段设置的颜色将不能显示。

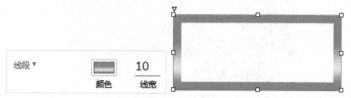

图5-77 线段渐变填充

Axure RP 9共提供了包括None在内的9种线段类型供用户选择，如图5-78所示。选择元件，单击"类型"图标，在打开的下拉列表框中任意选择一种类型，效果如图5-79所示。

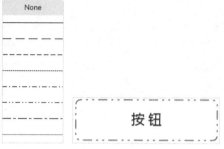

图5-78 线段类型　　图5-79 应用线段类型

元件通常都有四边框，用户可以通过设置它的"可见性"，有选择地显示元件的线框，实现更丰富的元件效果，如图5-80所示。图5-81所示为将圆角矩形元件左侧的边框可见性设置为隐藏后的效果。

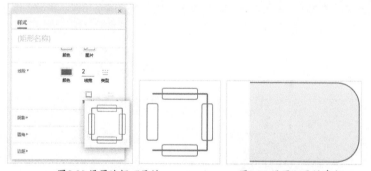

图5-80 设置边框可见性　　　　　图5-81 设置可见性参数

使用"垂直线"和"水平线"元件时，用户可以在"样式"面板的"线段"选项组中单击"箭头样式"按钮，在打开的面板中为线条设置左右或上下箭头样式，如图5-82所示。

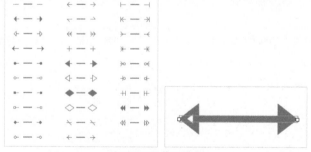

图5-82 设置箭头样式

5.3.6 阴影

Axure RP 9为用户提供了"外部"阴影和"内部"阴影两种阴影属性。单击"阴影"选项后的"外部"按钮，弹出如图5-83所示的对话框。选择"阴影"复选框，为元件增加阴影效果，如图5-84所示。

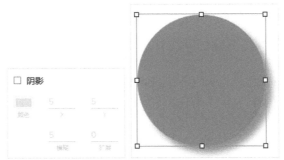

图5-83 外部阴影对话框　　图5-84 外部阴影效果

用户可以设置阴影的颜色、偏移、模糊和扩展属性。偏移值为正值时，阴影在元件的右侧，偏移值为负值时，阴影在元件的左侧。模糊值越高，则阴影羽化效果越明显。

单击"内部"按钮，在弹出的对话框中选择"阴影"复选框，如图5-85所示。元件内部阴影效果如图5-86所示。

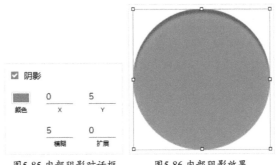

图5-85 内部阴影对话框　　图5-86 内部阴影效果

提示　用户通过设置颜色、偏移、模糊和扩展属性，可以实现更丰富的内部阴影效果。通过设置"扩展"参数，可以获得不同范围的内阴影效果。

5.3.7 圆角

当选择"矩形"元件、"图片"元件和"按钮"元件时，可以在"圆角"选项组的"半径"文本框中输入半径值，实现圆角矩形的创建，效果如图5-87所示。

图5-87 创建圆角矩形

单击"可见性"按钮，打开如图5-88所示的面板。 4个矩形分别代表矩形元件的4个边角的圆角效果是否可见。用户可以通过单击矩形显示或隐藏圆角边角效果，如图5-89所示。

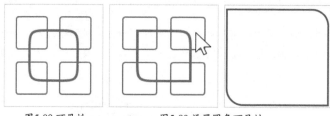

<table>
<tr><td>图5-88 可见性</td><td>图5-89 设置圆角可见性</td></tr>
</table>

5.3.8 边距

当用户在元件中输入文本时，为了获得更好的视觉效果，默认添加了2像素的边距，如图5-90所示。通过修改"样式"面板中"边距"的数值，可以实现对文本边距的控制，如图5-91所示。

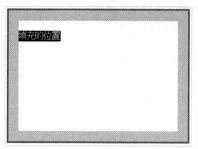

图5-90 默认边距　　　　　　　　　　图5-91 设置边距数值

> **提示** 用户可以分别设置左侧、顶部、右侧和底部的边距，实现丰富的元件效果。

5.3.9 应用案例——为商品列表添加样式

源文件：资源包\源文件\第5章\5-3-9.rp
素　材：资源包\素材\第5章\5-3-9.rp
技术要点：掌握【为商品列表添加样式】的方法

扫描查看演示视频　扫描下载素材

STEP 01 打开"素材\第5章\5-3-9.rp"文件，选中"作者：张晓景"文本元件，在"样式"面板的"排版"选项组中设置文本颜色，如图5-92所示。

STEP 02 选中部分价格文本，在"样式"面板的"排版"选项组中设置文本的字号和文本颜色，如图5-93所示。

图5-92 修改文本颜色　　　　　　　　　图5-93 修改文本大小和颜色

STEP 03 在页面中选中"加入购物车"按钮元件，在"样式"面板中设置填充颜色，双击按钮选中按钮内的文本,在"样式"面板中修改文本的颜色。使用相同的方法为"购买电子书"按钮元件设置样式,如图 5-94 所示。

STEP 04 选中"立即购买"按钮元件,在"样式"面板的"填充""排版""线段"选项组中分别设置按钮的样式,完成后的效果如图 5-95 所示。

图5-94 设置按钮元件的样式　　　　　图5-95 完成后的效果

5.3.10　数据集

在工作界面中选中"中继器"元件,用户可以在"样式"面板中设置其元件样式,如图 5-96 所示。除了与其他元件相同的"填充""线段""圆角""边距"样式,还可以对"中继器"元件特有的"布局""背景""分页"样式进行设置,如图5-97所示。

图5-96 设置元件样式　　图5-97 设置"中继器"元件的特有样式

🔊 布局

在"布局"选项组中,默认情况下为"垂直"布局方式,如图5-98所示。选中"水平"单选按钮,则可以将中继器元件的数据更改为水平布局,如图5-99所示。

图5-98 垂直布局

图5-99 水平布局

◀ ◻)) 网格排布

选择"网格排布"复选框，用户可以将"中继器"元件项目排列为网格，并可以设置每行中项目的数量。图5-100所示为每行为2个项目的排列效果。

图5-100 设置网格排布

◀ ◻)) 背景

用户通过选择"交替颜色"复选框，可以分别设置"颜色"和"交替"颜色，实现中继器背景交替效果，如图5-101所示。

图5-101 中继器背景交替效果

 提示 要想正确显示背景交替效果，需要双击进入中继器编辑模式，修改"填充"不透明性为0%。否则将不能显示交替效果。

◀ ◻)) 分页

在"分页"选项组中，用户可以设置"中继器"元件的分页显示功能。选择"多页显示"复选框，用户可以在"每页项数量"文本框中输入每页项目的数量，在"起始页"文本框中设置起始页码，如图5-102所示。

图5-102 设置分页

5.4 创建和管理样式

一个原型作品通常由很多页面组成，每个页面又由很多元件组成，逐个设置元件样式既费事又不便于修改。Axure RP 9为用户提供了方便的页面样式和元件样式，既方便用户快速添加样式，又便于修改。

5.4.1 创建元件样式

将"圆形"元件拖曳到页面中，"样式"面板中显示其样式为"Ellipse"，如图5-103所示。单击"管理元件样式"按钮"≥"，弹出"元件样式管理"对话框，对话框左侧为Axure RP 9默认提供的11种元件样式，右侧是元件样式对应的样式属性，如图5-104所示。

样式名称 →　　　　　　　　　　　　　← 样式属性

图5-103 元件样式　　　　　　　　　图5-104 "元件样式管理"对话框

 提示　选中元件后，除了可以在"样式"面板中应用和管理元件样式，用户还可以在选项栏的最左侧位置应用和管理样式。

用户可以选择"填充颜色"复选框，修改填充颜色为橙色，如图5-105所示，即可完成元件样式的编辑修改。单击"确定"按钮，默认的"图形"元件将变成橙色，如图5-106所示。

图5-105 修改元件样式　　　　　　　　图5-106 样式修改效果

选中页面内的任意元件，用户也可以在工具栏最左侧查看和修改该元件的元件样式，单击"管理元件样式"按钮，也可以弹出"元件样式管理"对话框，如图5-107所示。

图5-107 单击"管理元件样式"按钮

5.4.2 应用案例——创建元件样式

源文件：资源包\源文件\第5章\5-4-2.rp
素　材：无
技术要点：掌握【创建元件样式】的方法

扫描查看演示视频

STEP 01 新建一个文件并将"文本标签"元件拖曳到页面中，单击"样式"面板中的"管理元件样式"

按钮，在弹出的"元件样式管理"对话框中单击"添加"按钮，修改样式名称为"标题文字16"，分别在右侧修改字体和字号，如图5-108所示。

STEP 02 单击"复制"按钮，将"标题文字16"样式进行复制并修改名称为"标题文字14"，如图5-109所示。

图5-108 添加新样式并设置属性 图5-109 复制样式

STEP 03 在"元件样式管理"对话框的右侧修改字号、类型、对齐和垂直对齐属性，如图5-110所示，完成"标题文字14"元件样式的设置。

STEP 04 在"元件样式管理"对话框中单击"添加"按钮，新建一个名称为"正文12"的样式，设置其样式属性，如图5-111所示，设置完成后单击"确定"按钮。

图5-110 设置元件样式 图5-111 设置"正文12"元件样式

5.4.3 应用案例——应用元件样式

源文件：资源包\源文件\第5章\5-4-3.rp
素　材：资源包\素材\第5章\5-4-2.rp
技术要点：掌握【应用元件样式】的方法

扫描查看演示视频 扫描下载素材

STEP 01 接上一个案例，双击"文本标签"元件，进入文本编辑状态，修改元件的文本内容，如图5-112所示。

STEP 02 修改完成后单击页面的空白处，再次选中"文本标签"元件，在"样式"面板中设置元件样式为"标题文字16"，如图5-113所示。

图5-112 修改文本内容 图5-113 设置元件样式

STEP 03 将"文本标签"元件拖曳到页面中，并修改元件内的文字内容，完成后在"样式"面板中为元件设置"标题文字14"样式，应用效果如图5-114所示。

STEP 04 使用相同的方法在页面中添加"文本标签"元件并修改元件内的文字内容，修改后为其应用"正文12"元件样式，应用效果如图5-115所示。

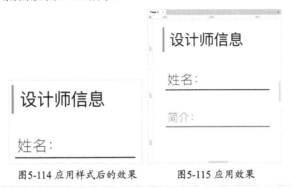

图5-114 应用样式后的效果　　　　图5-115 应用效果

5.4.4 样式的编辑与修改

为标题元件和文本元件应用新样式后，"样式"面板中样式名称的后面会出现一个"*"图标，如图5-116所示。单击"创建"链接即可将当前文本样式复制为一个新的样式；单击"更新"链接即可将原文本元件样式替换为新样式，如图5-117所示。

图5-116 "样式"面板　　　　　图5-117 更新样式

提示　用户可以通过执行"项目 > 元件样式管理器"命令或"项目 > 页面样式管理器"命令，打开元件样式管理器或页面样式管理器。

元件样式创建完成后，如果需要修改样式，可以再次单击"管理元件样式"按钮，在弹出的"元件样式管理"对话框中编辑样式，如图5-118所示。

图5-118 "元件样式管理"对话框

- 添加：单击该按钮，将新建一个新的样式。
- 复制：单击 复制 按钮，将复制选中的样式。
- 删除：单击该按钮，将删除选中的样式。
- 上移/下移：单击该选项，所选样式将向上或向下移动一级。
- 复制：单击 复制 按钮，将复制当前样式的属性到内存中，选择另一个样式然后再次单击该按钮，将会使用复制的属性替换该样式的属性。

> 提示：一个样式可能会被同时应用到多个元件上，当修改了该样式的属性后，应用了该样式的元件将同时发生变化。

5.5 格式刷

格式刷的主要功能是将元件样式或修改后的元件样式快速应用到其他元件上。执行"编辑>格式刷"命令，弹出"格式刷"对话框，如图5-119所示。

图5-119 "格式刷"对话框

5.5.1 使用"格式刷"命令

使用"图片"元件和"按钮"元件制作原型，为第一个按钮设置样式。选中第一个按钮，执行"编辑>格式刷"命令，弹出"格式刷"对话框，选择想要复制的样式选项复选框，之后选择任意元件，单击该对话框底部的"应用"按钮，即可将第一个按钮的样式指定给元件，效果如图5-120所示。

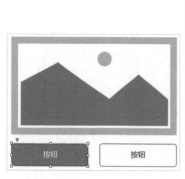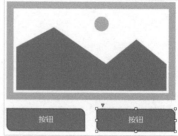

图5-120 应用按钮样式

提示　用户还可以使用"格式刷"命令，快速为个别元件指定特殊的样式。需要注意的是，无论是定义的样式还是格式刷样式，通常都只能应用到一个完整的元件上，不能只应用到元件的局部。

5.5.2 应用案例——使用格式刷为表格添加样式

源文件：资源包\源文件\第5章\5-5-2.rp
素　材：无
技术要点：掌握【使用格式刷为表格添加样式】的方法

扫描查看演示视频

STEP 01 新建一个文件，将"元件"面板的"菜单 | 表格"选项下的"表格"元件拖入页面中。修改表格文字内容，如图 5-121 所示。

STEP 02 执行"编辑 > 格式刷"命令，在弹出的"格式刷"对话框中设置"填充颜色""类型""字色"参数，如图 5-122 所示。

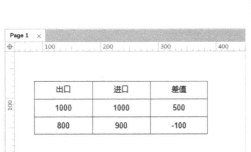

图5-121 添加表格元件　　　　图5-122 设置参数

STEP 03 在页面中选择第 1 行的任意单元格，单击鼠标右键，在弹出的快捷菜单中选择"选择行"命令，即可选中第 1 行的全部单元格。单击"格式刷"对话框底部的"应用"按钮，表格效果如图 5-123 所示。

STEP 04 将"填充颜色"设置为红色，在页面中选择第 3 列的任意单元格，单击鼠标右键，在弹出的快捷菜单中选择"选择列"命令，即可选中第 3 列的全部单元格。单击"格式刷"对话框底部的"应用"按钮，表格效果如图 5-124 所示。

图5-123 表格效果　　　　　图5-124 表格效果

5.6 元件的管理

　　一个原型项目中通常会包含很多元件，元件之间会出现叠加或者遮盖，给用户的操作带来不便。在Axure RP 9中，用户可以在"概要"面板中管理元件，如图5-125所示。

121

图5-125 "概要"面板

"概要"面板中显示了当前页面中所有的元件，单击面板中的元件选项，页面中对应的元件将被选中；选中页面中的元件，面板中对应的选项也会被选中，如图5-126所示。

图5-126 选中元件

单击面板右上角的"排序与筛选"按钮 ，打开如图5-127所示的下拉列表框，用户可以选择需要显示的内容。用户可以在面板顶部的搜索文本框中输入想要查找的元件名，输入完成后即可找到带有关键字的选项，如图5-128所示。

图5-127 下拉列表框　　　图5-128 搜索元件

5.7 答疑解惑

掌握了元件的属性和应用样式的方法，读者可以制作出效果逼真的页面原型。熟练掌握并应用样式，可以大大提高原型设计制作的效率。

5.7.1 制作页面前的准备工作

在开始制作一个原型作品前，要将页面中所用到的样式一一进行创建。这样做除了可以控制页面显示效果，还能大大节省制作时间。如果需要修改元件效果，直接修改样式也能快速进行全部修改。边制作边设置样式是一种不好的操作习惯。

5.7.2 使用字体图标而不是图片

在原型中添加图标时，通常会采用导入图片的方式。如果需要修改图片的颜色，就需要打开一个图片编辑软件，对图片进行更改，然后再导出一个新图片供Axure RP 9导入，既烦琐又增加了原型文件的大小。

如果用户想要使用图标，建议使用一个字体图标。这种图标看起来像图片，实际上是一种特殊的字体，用户可以直接修改文字的大小和颜色等属性，操作方便且便于修改，如图5-129所示。

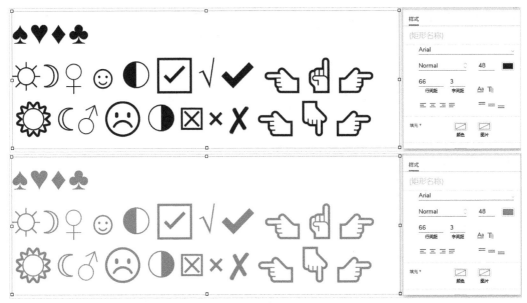

图5-129 字体图标

5.8 总结扩展

本章主要讲解了元件的属性和样式设置，详细了解元件的属性有利于更好地制作原型产品，熟悉样式的应用可以大大提高工作效率。

5.8.1 本章小结

本章主要介绍了Axure RP 9中元件的属性和应用元件样式的方法和技巧。通过学习本章内容，读者应更深刻地理解各个元件的属性，同时能够熟练地为元件设置各种样式，包括填充、边框、阴影、透明度和边距设置等选项，并掌握定制样式和格式刷工具的使用方法和技巧。

5.8.2 扩展练习——制作热门车型列表页

源文件：资源包\源文件\第5章\5-8-2.rp
素　材：资源包\素材\第5章\车1.jpg~车9.jpg
技术要点：掌握【制作热门车型列表页】的方法

扫描查看演示视频　扫描下载素材

本案例将使用元件制作一个热门车型的页面。先使用元件搭建页面效果，然后再通过设置样式，将样式快速应用到元件中。图5-130所示为设计制作完成后的热门车型列表页。

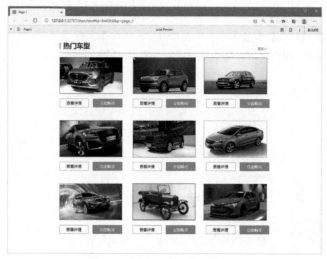

图5-130 完成后的热门车型列表页

读书
笔记

第
6
章

母版与第三方元件库

制作一款大型原型设计时，不同页面通常会使用很多相同的内容元素，可以将这些相同的内容元素制作成母版供用户使用。当用户修改母版时，所有应用了该母版的页面都会随之发生改变。

用户也可以将经常用到的一些元件制作成一个单独的元件库，供自己或合作伙伴使用。本章将针对母版的创建和使用，以及第三方元件库的创建和使用进行详细讲解。

6.1 母版的概念

母版是指原型项目页面中一些重复出现的元素。可以将重复出现的元素定义为母版，供用户在不同的页面中反复使用，类似于PPT设计制作中的母版功能。Axure RP 9的母版通常被保存在"母版"面板中，如图6-1所示。

图6-1 "母版"面板

6.1.1 母版的应用

一个App原型项目中包含很多页面，每个页面的内容都不相同。但是由于系统的要求，每个页面中都必须包含状态栏、导航栏和标签栏，如图6-2所示。

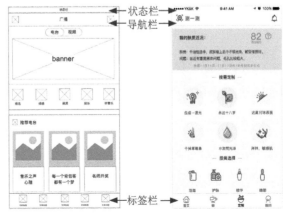

图6-2 页面中的共有元素

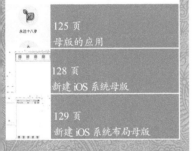

Learning Objectives
学习重点

125 页
母版的应用

128 页
新建 iOS 系统母版

129 页
新建 iOS 系统布局母版

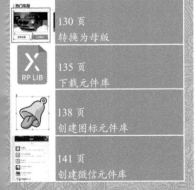

130 页
转换为母版

135 页
下载元件库

138 页
创建图标元件库

141 页
创建微信元件库

一般情况下，可以将一个页面中的以下部分制作成母版。

● 页面导航。

● 网站顶部，包括网站状态栏和和导航栏。

● 网站底部，通常指页面的标签栏。

● 经常重复出现的元件，如分享按钮。

● Tab面板切换的元件，在不同的页面中，同一个Tab面板有不同的呈现。

6.1.2 使用母版的好处

在一整套UI页面中使用母版，既能保持整体页面的设计风格一致，同时也方便设计师随时修改页面中的相同内容。

对母版进行修改后，所有应用了该母版的页面都会自动更新，可以节省大量的工作时间。母版页面中的说明只需要编写一次，避免了在输出UX规范文档时造成额外工作和错误。

母版的使用也会减小Axure RP文件的体积，加快原型文件的预览速度。

6.2 "母版"面板

用户在"母版"面板中可以完成添加母版文件、删除母版文件、重命名母版文件、添加文件夹和查找母版文件等操作。

6.2.1 添加母版

单击"母版"面板右上角的"添加母版"按钮，即可新建一个母版文件，如图6-3所示。用户可以同时创建多个母版文件并为其重命名，如图6-4所示。

图6-3 添加母版 　　　　　图6-4 添加多个母版

在母版文件上单击鼠标右键，在弹出的快捷菜单中选择"添加"命令，在打开的子菜单中包括"文件夹""上方添加母版""下方添加母版""子母版"等命令。选择某一命令，即可在当前母版文件的上方或下方添加对应的文件，如图6-5所示。

图6-5 快捷菜单

提示　用户可以通过拖曳的方式调整母版文件的层级关系。

　　在母版文件上单击鼠标右键，在弹出的快捷菜单中选择"移动"命令，可以完成对母版文件的上移、下移、降级和升级操作，如图6-6所示。

　　用户在母版文件上单击鼠标右键，还可以在弹出的快捷菜单中对母版进行删除、剪切、复制、粘贴、重命名和重复等操作，如图6-7所示。

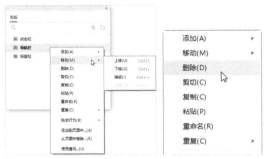

图6-6 选择"移动"命令　　图6-7 快捷菜单

6.2.2 添加文件夹

　　同一个项目中可能会有多个母版，为了方便管理，用户可以通过新建文件夹将同类或相同位置的母版进行分类管理。

　　单击"母版"面板右上角的"添加文件夹"按钮或者在母版文件上单击鼠标右键，在弹出的快捷菜单中选择"添加>文件夹"命令，即可在面板中新建一个文件夹，如图6-8所示。

图6-8 添加母版文件夹

6.2.3 查找母版

　　当面板中存在很多母版文件时，单击"母版"面板顶部的"搜索"按钮或搜索框，如图6-9所示。在文本框中输入要查找的母版文件名称，即可快速查找到该母版文件，如图6-10所示。

图6-9 搜索框　　图6-10 搜索母版文件

6.3 创建与编辑母版

双击"母版"面板中的母版文件，即可进入该母版的编辑状态，用户在工作界面中的全部操作都会被保存在母版文件中。

6.3.1 创建母版

在"母版"面板中，双击已经创建好的"母版"文件，即可进入该母版文件的编辑页面，页面标签栏将显示当前母版的名称，如图6-11所示。用户可以使用"元件"面板中的各种元件完成母版页面的创建，如图6-12所示。

图6-11 编辑母版 　　　　　　　图6-12 创建母版页面

母版创建完成后，执行"文件>保存"命令，可将母版文件保存，此时，用户已经完成母版文件的全部编辑操作。

应用到页面中的母版文件，将显示为半透明的红色遮罩效果。

 除了可以通过新建母版的方式创建母版文件，Axure RP 9还允许用户将制作完成的页面直接转换为母版文件。

6.3.2 应用案例——新建iOS系统母版

源文件：资源包\源文件\第6章\6-3-2.rp
素　材：资源包\素材\第6章\iOS 11元件库.rplib
技术要点：掌握【新建iOS系统母版】的方法

扫描查看演示视频　扫描下载素材

STEP 01 新建一个文件，单击"母版"面板右上角的"添加母版"按钮，添加一个母版并将其命名为"状态栏"，如图6-13所示。

STEP 02 单击"元件"面板右上角的"添加元件库"按钮，打开"素材\第6章\iOS 11元件库.rplib"文件，完成后将"系统状态栏"选项下的"黑"元件拖曳到页面中，如图6-14所示。

图6-13 添加母版 　　　　　　　图6-14 添加元件

STEP 03 在"母版"面板中再次新建一个名为"导航栏"的母版文件,在"元件"面板中将"标题栏"选项下的"标准 - 页面标题"元件拖曳到页面中,如图 6-15 所示。

STEP 04 继续使用相同的方法,完成"标签栏"母版的制作,如图 6-16 所示。

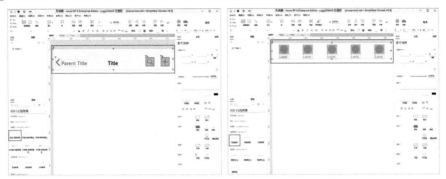

图6-15 创建"导航栏"母版　　　　图6-16 创建"标签栏"母版

6.3.3 创建子母版

Axure RP 9允许在母版中套用子母版,这样可以使母版的层次更加丰富,应用领域更加广泛。接下来学习如何创建子母版。

6.3.4 应用案例——新建iOS系统布局母版

源文件:资源包\源文件\第6章\6-3-4.rp
素　材:资源包\素材第6章\6-3-4.rp
技术要点:掌握【新建iOS系统布局母版】的方法

扫描查看演示视频　扫描下载素材

STEP 01 打开"素材 \ 第 6 章 \6-3-4.rp"文件,在"母版"面板中新建一个名称为"结构"的母版,拖曳调整母版文件的层级,如图 6-17 所示。

STEP 02 在"母版"面板中选中"导航栏"母版文件,将其拖曳到页面中。再次在"母版"面板中选中"状态栏"母版文件,将其拖曳到页面中,如图 6-18 所示。

图6-17 调整母版文件的层级　　　　图6-18 创建母版文件

提示　iOS 系统 App 界面尺寸通常先使用 750px×1334px 作为默认制作尺寸,再通过适配应用到其他尺寸的设备中。

STEP 03 在"母版"面板中选中"标签栏"母版文件,将其拖曳到页面中,在"样式"面板中设置其坐标,如图 6-19 所示。

STEP 04 双击"页面"面板中的"Page 1"文件,将"结构"母版文件从"母版"面板拖曳到页面中,母版应用效果如图 6-20 所示。

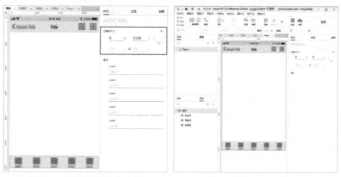

图6-19 设置母版文件坐标　　　　图6-20 使用母版文件

6.3.5 删除母版

对于拖入到页面中的母版，选中后直接按【Delete】键，即可将其删除。在"母版"面板中，选中想要删除的母版，按【Delete】键或者单击鼠标右键，在弹出的快捷菜单中选择"删除"命令，即可删除当前母版文件。

6.4 转换为母版

除了可以通过新建母版的方式创建母版，用户还可以将制作完成的页面转换为母版文件，Axure RP 9为用户提供了方便自由的创建方式。

在想要转换为母版的页面中选择全部或局部内容，如图6-21所示。单击鼠标右键，在弹出的快捷菜单中选择"转换为母版"命令，如图6-22所示。

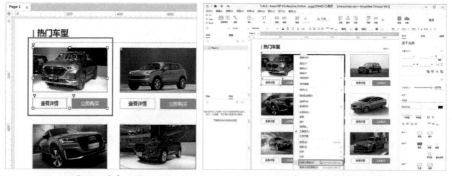

图6-21 选中元件　　　　　　　　图6-22 选择"转换为母版"命令

弹出"创建母版"对话框，为其指定名称，如图6-23所示。母版名称设置完成后，单击"继续"按钮，即可完成母版的转换。转换完成后的母版将排列在"母版"面板中，如图6-24所示。

图6-23 "创建母版"对话框　　　　图6-24 转换完成后的母版

6.5 母版的使用情况

完成母版的创建后，用户可以通过多种方法将母版应用到页面中。当修改母版内容时，页面中应用了该母版的部分也会发生变化。

6.5.1 拖放行为

用户可以通过拖曳的方式，将母版文件拖入到页面中。双击"页面"面板中的一个页面，进入编辑状态。在"母版"面板中选择一个母版文件，将其直接拖曳到页面中，如图6-25所示，即可完成母版的使用。

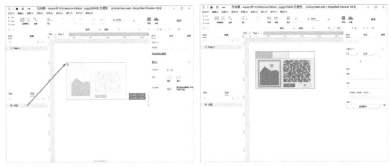

图6-25 拖曳应用母版

使用直接拖曳的方式应用母版，Axure RP 9提供了3种不同的方式供用户选择。在"母版"面板中的母版文件上单击鼠标右键，弹出如图6-26所示的快捷菜单。用户可以在"拖放行为"子菜单中选择"任意位置""固定位置""脱离母版"3种拖曳行为。

图6-26 "拖放行为"子菜单

🔊 任意位置

"任意位置"行为是母版的默认拖放行为，是指将母版拖曳到页面中的任意位置。当修改母版文件时，页面中所有引用该母版的母版实例都会同步更新，只有坐标不会同步。拖放任意位置图标如图6-27所示。

图6-27 拖放任意位置图标

131

默认情况下使用拖曳的方式将母版放置于页面，选择的都是"任意位置"命令。用户可以在页面中随意拖动母版文件到任何位置，且用户只能更改母版实例的位置，不能设置其他参数，如图6-28所示。

用户可以在"样式"面板中对母版实例的"文本"："按钮""图片"元件进行"重写"操作，如图6-29所示。

图6-28 不能设置参数　　图6-29 重写母版

用户可以直接在"按钮"文本框和"文本"文本框中输入内容，替换母版实例元件中的文本；单击"选择图片"按钮，可以替换"图片"元件中的图片，重写效果如图6-30所示。

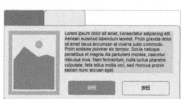 

图6-30 重写母版效果

 提示　重写母版只能更改母版中元件的文本和图片，并不能修改样式。重写后的母版只影响当前实例的母版文本，不会影响其他实例的母版文件。

🔊 固定位置

"固定位置"行为是指将母版拖曳到页面后，母版实例中元素的坐标会自动继承母版页面中元素的位置，不能修改。对母版文件所做的修改会立即更新到原型设计母版实例中。选择"固定位置"命令，母版文件图标的显示效果如图6-31所示。

图6-31 拖放固定位置图标

在"标签"母版文件上单击鼠标右键，在弹出的快捷菜单中选择"拖放行为>固定位置"命令，如图6-32所示。再次将"标签"母版文件拖入页面中，如图6-33所示。

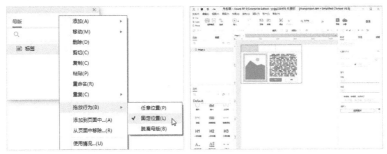

图6-32 选择"固定行为"命令　　　　　　图6-33 固定位置行为

母版元件四周出现红色的线条，代表当前元件为固定位置母版。该母版将固定在（x：0，y：0）的位置，不能移动。双击该元件，即可进入"标签"母版文件中，用户可以对其进行再次编辑。保存后，页面中的母版元件将同时发生变化。

采用"固定位置"拖曳到页面中的母版元件，默认情况下为锁定状态。单击鼠标右键，在弹出的快捷菜单中选择"锁定>取消锁定位置和尺寸"命令，弹出如图6-34所示的对话框。根据提示，用户可以在母版元件上单击鼠标右键，在弹出的快捷菜单中选择"脱离母版"命令，如图6-35所示，即可脱离母版，自由移动。

图6-34 "提示"对话框　　　　图6-35 选择"脱离母版"命令

提示　　脱离母版后的母版实例将单独存在，不再与母版文件有任何关联。

◀)) 脱离母版

"脱离母版"行为是指将母版拖曳到页面中后，母版实例将自动脱离母版，成为独立的内容。可以再次编辑，而且修改母版后对其不再有任何影响。"脱离母版"文件图标，如图6-36所示。

图6-36 拖放脱离母版图标

6.5.2 添加到页面中

除采用拖曳的方式应用母版，还可以通过"添加到页面中"命令完成母版的使用。在母版文件上单击鼠标右键，在弹出的快捷菜单中选择"添加到页面中"命令，如图6-37所示，弹出"添加母版到页面中"对话框，如图6-38所示。

图6-37 选择"添加到页面中"命令

图6-38 "添加母版到页面中"对话框

用户可以在对话框的顶部选择想要添加母版的页面，如图6-39所示。同时可以选择多个页面添加母版，如图6-40所示。

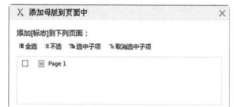
图6-39 选择添加母版的页面

图6-40 同时选中多个页面

在对话框顶部有4个选择按钮，可以帮助用户快速全选、不选、选中子项和取消选中子项，如图6-41所示。

图6-41 4个选择按钮

- 全选：单击该按钮，将选中所有页面。
- 不选：单击该按钮，将取消所有页面的选择。
- 选中子项：单击该按钮，将选中所有子页面。
- 取消选中子项：单击该按钮，将取消所有子页面的选择。

用户可以选中"锁定为母版中的位置"单选按钮，将母版添加到指定的位置，也可以通过选择"指定新的位置"单选按钮，为母版指定一个新的位置，如图6-42所示。选择"置于底层"复选框，当前母版将会添加到页面的底层，如图6-43所示。

图6-42 设置位置　　　　　　　　　　　　图6-43 置于底层

提示　　如果用户选择了"页面中不包含此母版时才能添加"复选框，则只能为没有该母版的页面添加母版。

6.5.3 从页面中移除

用户可以一次性移除多个页面中的母版实例。在"母版"面板中选择要移除的母版文件，单击鼠标右键，在弹出的快捷菜单中选择"从页面中移除"命令，如图6-44所示，弹出"从页面中移除母版"对话框，如图6-45所示。

图6-44 选择"从页面中移除"命令　图6-45 "从页面中移除母版"对话框

在页面列表框中选择想要移除的母版实例的页面，单击"确定"按钮，即可完成移除母版操作。

> 使用"添加到页面中"和"从页面中移除"命令添加或删除母版实例的操作是无法通过"撤销"命令撤销的，需要重新再次操作。

6.5.4 使用情况报告

为了便于查找和修改母版，Axrue RP 9提供了母版的使用情况报告供用户参考。

在"母版"面板中选择需要查看的母版，单击鼠标右键，在弹出的快捷菜单中选择"使用情况"命令，如图6-46所示。在弹出的"母版使用情况报告"对话框中将显示使用了当前母版的页面，如图6-47所示。

图6-46 选择"使用情况"命令　图6-47 "母版使用情况报告"对话框

在"母版使用情况报告"对话框中可以查看应用了当前母版的母版文件和页面文件，选择某一选项，单击"确定"按钮，即可快速进入相应母版或页面中。

6.6 使用第三方元件库

在网上可以找到很多第三方元件库素材，同时Axure RP 9允许用户载入并使用第三方元件库。

6.6.1 下载元件库

Axure官方网站为用户准备了很多实用的元件库。单击"元件"面板中的"选项"按钮，在打开的下拉列表框中选择"获取元件库"选项，如图6-48所示。即可打开Axure官方网站页面，如图6-49所示。

图6-48 选择"获取元件库"选项　　　图6-49 Axure官方网站页面

在页面中选择并下载iOS系统元件库，下载后的元件库文件格式为".rplib"。图6-50所示为位于文件夹中的元件库文件图标。

图6-50 元件库文件图标

6.6.2 载入元件库

下载元件库文件后，在"元件"面板中单击"添加元件库"按钮，如图6-51所示。在弹出的"打开"对话框中选择下载的元件库文件，如图6-52所示。

图6-51 添加元件库　　　　　　图6-52 选择元件库文件

单击"打开"按钮，将元件库文件置于"元件"面板中，在"元件"面板的元件库输入框中选择"iOS 11 元件库"选项，效果如图6-53所示。选择iOS 11元件库中的任意元件，将其拖曳到页面中，效果如图6-54所示。

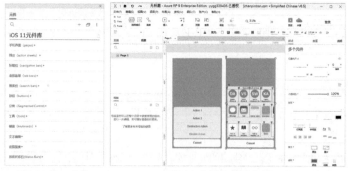

图6-53 载入元件　　　　　　　图6-54 使用元件库中的元件

6.6.3 移除元件库

用户如果需要删除元件库，可以在"元件"面板中选择想要删除的元件库，单击面板右上角的"选项"按钮，在打开的下拉列表框中选择"移除元件库"选项，即可将当前元件库删除，如图6-55所示。

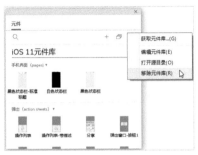

图6-55 选择"移除元件库"选项

6.7 创建元件库

根据工作需求，用户可能需要创建自己的元件库，如在与其他UI设计师合作某个项目时，需要保证项目的一致性和完成性，设计师可以创建一个自己的元件库。

6.7.1 了解元件库界面

执行"文件>新建元件库"命令，如图6-56所示，即可启动新建元件库软件界面，如图6-57所示。

图6-56 执行"新建元件库"命令   图6-57 新建元件库软件界面

新建元件库的工作界面和项目文件的工作界面基本一致。区别有以下几点。

● 新建元件库软件界面的左上角位置会显示当前元件库的名称，而不是当前文件的名称，如图6-58所示。

● "页面"面板变成了"元件"面板，更方便元件库的新建与管理，如图6-59所示。

图6-58 显示元件库名称   图6-59 "页面"面板变为"元件"面板

● "样式"面板中将显示新建元件的图标属性，如图6-60所示。用户可以为元件设置不同的尺寸并应用到不同尺寸的移动设备屏幕中。

图6-60 "样式"面板

6.7.2 应用案例——创建图标元件库

源文件：无
素　材：资源包\素材\第6章\custom.png
技术要点：掌握【创建图标元件库】的方法

扫描查看演示视频　扫描下载素材

STEP 01 新建一个文件，执行"文件>新建元件库"命令，启动新建元件库软件界面。单击工具栏中的"插入"按钮，在打开的下拉列表框中选择"图片"选项，将"素材\第6章\custom.png"图片插入页面中，如图6-61所示。

STEP 02 在"元件"面板中修改元件名称为"铃声"，执行"文件>保存"命令，将元件库保存为"self.rplib"，如图6-62所示。

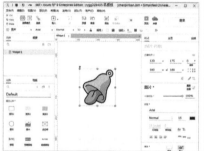 

图6-61 插入图片素材　　　　　　　　　图6-62 存储元件库

STEP 03 新建一个 Axure RP 9 文件，单击"元件"面板中的"添加元件库"按钮，在弹出的对话框中选择"self.fplib"文件，"元件"面板如图6-63所示。

STEP 04 选中"铃声"元件，将其拖曳到页面中，效果如图6-64所示。

 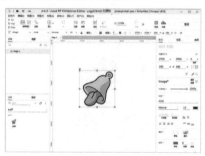

图6-63 添加元件库　　　　　　　　　图6-64 添加"铃声"元件

6.7.3 元件库的图标样式

在新建元件时，为了使新建的元件库能够适配不同尺寸的屏幕，Axure RP 9为每一个元件都提供了不同的图标样式。在"样式"面板中可以为元件库选择"使用缩略图"或"自定义图标"两种样式。

◀))　使用缩略图

默认情况下，一般会采用"使用缩略图"样式，在不同尺寸的屏幕上缩放元件尺寸显示元件效果，如图6-65所示。

◀))　自定义图标

用户也可以选择使用"自定义图标"样式，分别指定28px×28px和56px×56px两种尺寸的图标，供原型在不同尺寸的屏幕上显示，以获得较好的显示效果，如图6-66所示。

图6-65 使用缩略图　　　图6-66 自定义图标

6.7.4 编辑元件库

单击"元件"面板中的"选项"按钮，如图6-67所示。在打开的下拉列表框中选择"编辑元件库"选项，如图6-68所示。

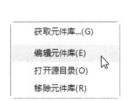

图6-67 单击"选项"按钮　　图6-68 选择"编辑元件库"选项

用户可以在打开的元件库编辑界面中编辑元件库，如图6-69所示。编辑完成后，执行"文件>保存"命令，将元件库文件保存，完成元件库的编辑，如图6-70所示。

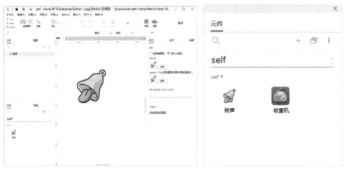

图6-69 编辑元件库　　　　　图6-70 完成编辑

139

单击"元件"面板中的"选项"按钮，在打开的下拉列表框中选择"打开源目录"选项，将打开元件库文件的存储地址。用户可以将元件库文件复制并粘贴到另外一台设备的相同目录下，实现元件库的共享。选择"移除元件库"选项，可删除当前选中的元件库。

6.7.5 添加图片文件夹

单击"元件"面板中的"添加图片文件夹"按钮，如图6-71所示。弹出"请选择需要在Axure RP中所使用图片的目录"对话框，选择一个文件夹，如图6-72所示。

图6-71 添加图片文件夹　　　　图6-72 选择文件夹

单击"选择文件夹"按钮，即可将文件夹中的图片添加到"元件"面板中，如图6-73所示。

图6-73 文件夹添加效果

6.8 答疑解惑

母版的使用对于原型的制作非常重要，在设计制作产品原型时，合理地使用母版可以将制作过程变得清晰且易于修改。

6.8.1 不要复制对象，而是转换为母版

在制作过程中，如果遇到重复的对象，不要通过复制的方法创建对象，最好是将当前对象转换为母版，如图6-74所示，然后再多次使用。这样做的好处在于当用户希望修改对象的属性时，只需要修改母版文件即可，而不需要查找元件逐一进行修改。

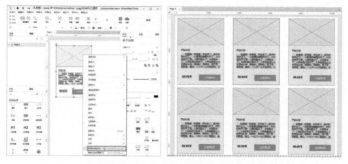

图6-74 将对象转换为母版

6.8.2　如何将较大的组合转换为母版

太大的组合对象不要变成组合对象，这样的组合往往需要在母版的很多地方进行修改。通常采用合并母版的方式，这样既可以减小对象的体积，又便于管理。

6.9　总结扩展

利用母版可以大大提高工作效率，既方便制作大型的原型产品，又便于对产品进行修改。为了更加快速地制作原型，使用第三方资源库制作原型也是一个不错的选择。

6.9.1　本章小结

本章主要介绍了母版的创建和使用方法，以及第三方元件库的创建和使用方法。通过学习本章内容，读者应该对创建母版有所了解。

6.9.2　扩展练习——创建微信元件库

源文件：资源包\源文件\第6章\6-9-2.rplib
素　材：资源包\素材\第6章\69201.jpg~69206.jpg
技术要点：掌握【创建微信元件库】的方法

扫描查看演示视频　扫描下载素材

本案例将使用素材图片制作一个热门软件的微信页面。设计师可以使用图片搭建页面效果，然后再通过设置样式和简单交互，完善微信元件库的制作。图6-75所示为创建完成的微信元件库。

图6-75 微信元件库

读书
笔记

在整个项目制作过程的前期，产品经理必须向客户或设计师讲解产品的整体用户体验，让他们从线框图开始就参与到整个项目的设计中。通常情况下，客户和设计师不喜欢静态说明的线框图，因为他们必须根据线框图自己想象一些预期功能的交互状态。

为了方便不同层次的读者学习，本书将交互设计分为两章进行介绍，本章将讲解使用Axure RP 创建简单交互的方法，关于高级的交互设计将在第8章进行学习。

7.1 了解"交互"面板

按照应用对象的不同，Axure RP 9中的交互事件可以分为页面交互和元件交互两种。在未选中任何元件的情况下，用户可以在"交互"面板中添加页面的交互效果，如图7-1所示。

选择一个元件，用户可以在"交互"面板中添加元件的交互效果，如图7-2所示。为了便于在添加交互过程中管理元件，用户应在"交互"面板顶部为元件指定名称，如图7-3所示。

Learning Objectives
学习重点

150 页
设计制作显示/隐藏图片

151 页
为"动态面板"元件添加样式

152 页
制作轮播图

155 页
制作按钮交互状态

157 页
制作抽奖幸运转盘

161 页
制作动态按钮

163 页
设计制作按钮交互样式

图7-1 "交互"面板

图7-2 添加元件交互效果

图7-3 为元件指定名称

 提示　用户在"交互"面板中为元件指定名称后，"样式"面板顶部也将显示该元件名。同样，在"样式"面板中设置的元件名也将显示在"交互"面板中。

单击"新建交互"按钮，用户可以在打开的下拉列表框中为页面或者元件选择交互触发的事件，如图7-4所示。单击"交互"面板右下角的" ▫ "按钮，弹出"交互编辑器"对话框，如图7-5所示。Axure RP 9中的所有交互操作都可以在该对话框中完成。

图7-4 选择触发事件或交互样式　　　　图7-5 "交互编辑器"对话框

元件"交互"面板底部有3个常用的交互按钮，如图7-6所示。单击某个按钮，即可快速完成元件交互的制作，如图7-7所示。

图7-6 常用的交互按钮　图7-7 制作元件交互

7.2 页面交互基础

在网站或者手机端操作时，都会有很多页面交互效果，如翻页、缩放和打开/关闭窗口等，接下来针对页面交互事件进行学习。

7.2.1 页面交互事件

将页面想象成舞台，而页面交互事件就是在大幕拉开时向用户呈现的效果。需要注意的是，在原型中创建的交互命令是由浏览器来执行的，也就是说页面交互效果需要"预览"才能看到。

在页面中的空白位置处单击，在"交互"面板中单击"新建交互"按钮或者打开"交互编辑器"对话框，可以看到页面触发事件，如图7-8所示。

图7-8 页面触发事件

触发事件可以理解为产生交互的条件，如当页面载入时，将会如何显示；当窗口滚动时，将会如何显示。将会发生的事情就是交互事件的动作。

选择"页面载入时"选项，"交互"面板将自动打开添加动作列表框，如图7-9所示。在"交互编辑器"对话框中，将把触发事件添加到"组织动作"并自动激活"添加动作"选项，如图7-10所示。

图7-9 添加动作列表框　　　　　图7-10 "交互编辑器"对话框

页面交互动作包括打开链接、关闭窗口、框架中打开链接和滚动到元件4个选项，下面逐一进行讲解。

7.2.2 打开链接

选择"打开链接"动作后，用户将继续设置动作，设置链接页面和链接打开窗口，如图7-11所示。

图7-11 设置动作

单击"选择页面"选项，用户可以在打开的下拉列表框中选择打开项目页面、链接到URL或文件路径、重新载入当前页面或返回上一页4个选项，如图7-12所示。

单击"当前窗口"选项，用户可以在打开的下拉列表框中选择使用当前窗口、新窗口/新标签、弹出窗口或父级窗口打开链接页面，如图7-13所示。

图7-12 选择链接页面　　　　　图7-13 选择打开页面

◀)) 当前窗口

用当前浏览器窗口显示打开链接页面，用户可以选择打开当前项目的页面，或打开一个链接，也可以选择重新加载当前页面和返回上一页，如图7-14所示。

◀)) 新窗口/新标签

使用一个新的窗口或新标签显示打开链接页面，用户可以选择打开当前项目的页面，也可以选择打开一个链接，如图7-15所示。

图7-14 当前窗口　　　　图7-15 新窗口/新标签

◀)) 弹出窗口

弹出一个新的窗口显示打开链接页面，用户可以选择打开当前项目的页面，也可以选择打开一个链接，并且可以设置"弹出属性"，如图7-16所示。需要注意的是，窗口的尺寸是页面本身的尺寸加上浏览器尺寸的总和。

◀)) 父级窗口

使用当前页面的页面显示打开链接页面，用户可以选择打开当前项目的页面，也可以选择打开一个链接，如图7-17所示。

图7-16 弹出窗口　　　　图7-17 父级窗口

7.2.3 应用案例——打开页面链接

源文件：资源包\源文件\第7章\7-2-3.rp
素　材：无
技术要点：掌握【打开页面链接】的方法

扫描查看演示视频

STEP 01 新建一个文件，单击"交互"面板中的"新建交互"按钮，在打开的下拉列表框中选择"页面载入时"选项，如图 7-18 所示。

STEP 02 在打开的下拉列表框中选择"打开链接"选项，在"链接到"下拉列表框中选择"链接到URL或文件路径"选项。在文本框中输入如图 7-19 所示的 URL 地址。

图7-18 添加事件　　　　　　　　　　图7-19 输入链接URL地址

STEP 03 在"更多选项"中设置"打开在"为"弹出窗口"，如图 7-20 所示。单击"完成"按钮。

STEP 04 单击"预览"按钮，页面载入时的弹出窗口效果如图 7-21 所示。

图7-20 设置打开位置　　　　　　　　图 7-21 预览效果

7.2.4 关闭窗口

选择"关闭窗口"动作，将实现在浏览器打开时自动关闭当前浏览器窗口的操作，如图7-22所示。

图7-22 选择"关闭窗口"动作

7.2.5 在框架中打开链接

使用"内联框架"元件可以实现多个子页面显示在同一个页面的效果。选择"框架中打开链接"动作，弹出如图7-23所示的对话框。通过设置参数，实现更改框架链接页面的操作。用户可以分别为"父级框架"和"内联框架"设置链接页面，如图7-24所示。

图7-23 选择框架层级　　　　图 7-24 设置链接页面

"内联框架"是指当前页面中使用的框架。"父级框架"是指两个以上的框架嵌套，也就是一个打开的页面中也使用了框架，打开的页面称为"父级框架"。

7.2.6 滚动到元件

滚动到元件是指页面打开时，自动滚动到指定的位置，这个动作可以用来制作"返回顶部"的效果。

用户首先要指定滚动到哪个元件，如图7-25所示。然后设置滚动的方向为"水平""垂直"或"不限"，如图7-26所示。单击"动画"选项下的"None"（无）选项，在打开的下拉列表框中选择一种动画方式，如图7-27所示。

图7-25 指定滚动元件　　　　图7-26 设置滚动方向　　　　图7-27 设置动画方式

选择一种动画方式后，可以在后面的文本框中设置动画持续的时间，如图7-28所示。单击"确定"按钮，即可完成滚动到元件的交互效果。

图7-28 设置动画持续时间

提示　页面滚动的位置受页面长度的影响，如果页面不够长，则底部的对象无法实现滚动效果。

7.3 元件交互基础

在制作交互效果时，最为常见的方式是用户触发某种事件，满足某种条件后，产生交互效果。

7.3.1 元件交互事件

选中页面中的元件后，单击"交互"面板中的"新建交互"按钮或者打开"交互编辑器"对话框，可以看到元件交互触发事件，如图7-29所示。

图7-29 "交互"面板和"交互编辑器"对话框

元件触发事件有鼠标、键盘和形状3种，当用户使用鼠标操作、按下或松开键盘或元件本身发生变化时，都可以实现不同的动作，如图7-30所示。

图7-30 元件触发事件

任意选择一种触发事件后，用户可以在"交互"面板或"交互编辑器"对话框中添加动作，如图7-31所示。

图7-31 添加动作

Axure RP 9提供了显示/隐藏、设置面板状态、设置文本、设置图片、设置选中、设置列表选中项、启用/禁用、移动、旋转、设置尺寸、置于顶层/底层、设置不透明、获取焦点和展开/收起树节点14种动作供用户使用，接下来逐一进行讲解。

7.3.2 显示/隐藏

在"交互编辑器"对话框左侧的列表框中选择"显示/隐藏"动作，在弹出的对话框中选择应用该动作的元件，如图7-32所示。如果没有在该对话框中选择元件，用户也可以在右侧的"目标"下拉列表框中选择要应用的元件，如图7-33所示。

图7-32 选择应用动作的元件　　　　图7-33 "目标"下拉列表框

提示　由此可见，当页面中包含多个相同元件时，为每个元件指定不同的名称是非常必要的。

用户可以在"交互编辑器"对话框右侧的"设置动作"选项组中设置显示/隐藏元件的动作，如图7-34所示。

图7-34 设置动作

◀)) 显示

....

单击"显示"按钮，可将元件设置为显示状态。用户可以在"动画"下拉列表框中选择一种动画形式，并在时间文本框中输入动画持续的时间，如图7-35所示。在"更多选项"下拉列表框中可以选择更多的显示方式，如图7-36所示。

图7-35 设置动画选项　　图7-36 "更多选项"下拉列表框

选择"置于顶层"复选框，动画效果将出现在所有对象上方，避免被其他元件遮挡，看不到完整的动画效果。

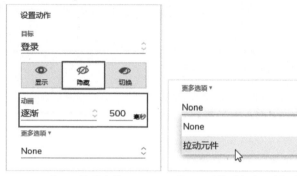

- 灯箱效果：允许用户设置一个背景颜色，实现类似灯箱的效果。
- 弹出效果：选择此选项，将自动结束触发时间。
- 推动元件：将触发事件的元件向一个方向推动。

◀)) 隐藏

单击"隐藏"按钮，可将元件设置为隐藏状态，也可以设置隐藏动画效果和持续时间，如图7-37所示。在"更多选项"下拉列表框中选择"拉动元件"选项，可以实现元件向一个方向隐藏的动画效果，如图7-38所示。

图7-37 设置隐藏　　　　　图7-38 选择"拉动元件"选项

◀)) 切换

要实现"切换"可见性，需要使用两个以上的元件。用户可以分别设置显示动画和隐藏动画，其他设置与"隐藏"状态相同，就不再一一介绍了。

7.3.3 应用案例——设计制作显示/隐藏图片

源文件：资源包\源文件\第7章\7-3-3.rp
素　材：无
技术要点：掌握【显示/隐藏交互动作】的方法

扫描查看演示视频

STEP 01 新建一个文件，将"主要按钮"元件拖曳到页面中并修改文本内容。使用矩形元件和文本元件创建如图 7-39 所示的效果，单击工具栏中的"组合"按钮，将多个元件进行组合。

STEP 02 在"样式"面板中分别指定两个元件的名称为"提交"和"菜单"，移动"菜单"组合元件的位置。单击"样式"面板中的"隐藏"按钮，将"菜单"元件隐藏，如图 7-40 所示。

图7-39 创建页面元件　　　　　　图7-40 隐藏元件

STEP 03 选中"提交"元件，在"交互编辑器"对话框中添加"单击时"事件中的"显示/隐藏"动作，设置动作的过程如图 7-41 所示。

STEP 04 单击"确定"按钮，完成交互制作。单击"预览"按钮，预览效果如图 7-42 所示。

图7-41 添加元件交互 图7-42 预览效果

7.3.4 应用案例——为"动态面板"元件添加样式

源文件：无

素　材：资源包\素材\第7章\73401.jpg~73405.jpg

技术要点：掌握【为"动态面板"元件添加样式】的方法

扫描查看演示视频　扫描下载素材

STEP 01 新建一个文件，将"动态面板"元件拖曳到页面中。在"样式"面板中设置元件的各项参数，如图7-43所示。

STEP 02 双击进入动态面板编辑界面，添加4个动态面板状态并分别为其重命名，效果如图7-44所示。

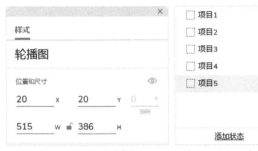

图7-43 为元件设置参数 图7-44 添加状态并重命名

STEP 03 进入"项目1"状态编辑页面，将"图片"元件从"元件"面板中拖曳到页面中，调整其大小和位置。双击"图片"元件，导入外部图片素材如图7-45所示。

STEP 04 使用相同的方法为其他4个页面导入图片素材，返回"Page1"页面，分别拖入5张图片并进行排列，如图7-46所示。

图7-45 导入外部图片素材 图7-46 拖入图片素材

提示　可以通过拖曳的方式调整"概要"面板中"动态面板"状态页面的前后顺序，此顺序将影响轮播图的播放顺序。

7.3.5 应用案例——制作轮播图

源文件：资源包\源文件\第7章\7-3-5.rp
素　材：资源包\素材\第7章\7-3-5.rp
技术要点：掌握【"设置面板"状态动作】的使用方法

扫描查看演示视频　扫描下载素材

STEP 01 打开"素材\第7章\7-3-5.rp"文件，分别将小图重命名为"图片1"～"图片5"，此时的"样式"面板如图7-47所示。

STEP 02 选中"图片1"元件，在"交互编辑器"对话框中添加"鼠标移入时"事件，再添加"设置面板状态"动作并设置动作参数，如图7-48所示。

图7-47 设置元件名称　　　　　　　图7-48 添加动作并设置动作参数

STEP 03 选中"图片2"元件，添加"鼠标移入时"事件，再添加"设置面板状态"动作。设置"进入动画"和"退出动画"效果为"逐渐"，时间为500毫秒，如图7-49所示。

STEP 04 使用相同的方法为"图片3"～"图片5"元件添加相同的交互效果。单击"预览"按钮，预览效果如图7-50所示。

 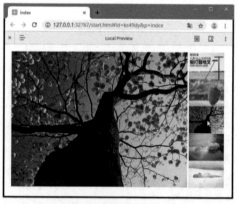

图7-49 设置动作参数　　　　　　　图7-50 预览页面效果

提示　添加了"进入动画"和"退出动画"动作后，交互效果变得更加自然，看起来也更丰富。用户也可以选择"推动和拉动元件"复选框，获得更丰富的效果。

7.3.6 设置文本

　　"设置文本"动作可以实现为元件添加文本或修改元件文本内容的操作。将"矩形1"元件拖曳到页面中。单击"交互"面板右下角的"　"按钮，弹出"交互编辑器"对话框，在该对话框左侧的"添加事件"选项卡中选择"鼠标移入时"事件，如图7-51所示。

完成后在"组织动作"选项组中选中"设置文本"动作，在打开的面板中选择"当前元件"选项，如图7-52所示。

图7-51 添加"鼠标移入时"事件　　　　　　　图7-52 添加"设置文本"动作

在"交互编辑器"对话框的右侧设置动作参数，设置文本的值为"为元件添加设置文本动作"，如图7-53所示。设置完成后，单击"确定"按钮，在工具栏中单击"预览"按钮，打开浏览器，将鼠标光标移至矩形上，预览效果如图7-54所示。

图7-53 设置动作参数　　　　　　　图7-54 预览效果

7.3.7 设置面板状态

"设置面板状态"动作主要针对"动态面板"元件，将"元件"面板中的"动态面板"元件拖曳到页面中，单击"交互"面板中的"新建交互"按钮或者在"交互编辑器"对话框中选择"鼠标移入时"事件，单击添加"设置面板状态"动作，设置各项参数，即可完成交互效果，如图7-55所示。

图7-55 添加"设置面板状态"动作

7.3.8 应用案例——为元件添加文本

源文件：资源包\源文件\第7章\7-3-8.rp
素　材：无
技术要点：掌握【为元件添加文本】的方法

扫描查看演示视频

STEP 01 新建一个文件，将"矩形1"元件拖曳到页面中，在"样式"面板中设置其名称为"文本框"，如图7-56所示。

STEP 02 在"交互编辑器"对话框中添加"鼠标移入时"事件，添加"设置文本"动作，选择"文本框"元件，如图7-57所示。

图7-56 设置元件名称　　　　图7-57 选择交互事件和动作

STEP 03 在"交互编辑器"对话框的右侧设置动作参数，设置"值"为"此处显示正文内容"，如图7-58所示。

STEP 04 设置完成后，单击"确定"按钮，即可为元件添加交互效果，单击"预览"按钮，预览效果如图7-59所示。

图7-58 设置元件值　　　　　图7-59 预览效果

7.3.9 应用案例——制作按钮交互状态

源文件：资源包\源文件\第7章\7-3-9.rp
素　材：资源包\素材\第7章\73901.jpg~73903.jpg
技术要点：掌握【制作按钮交互状态】的方法

扫描查看演示视频　扫描下载素材

STEP 01 新建一个文件，将"图片"元件拖曳到页面中。设置元件名称为"提交"。设置元件尺寸后，再为元件设置图片背景"素材\第7章\73901.jpg"，如图7-60所示。

STEP 02 在"交互编辑器"对话框中添加"单击时"事件，添加"设置图片"动作，选择"提交"元件，如图7-61所示。

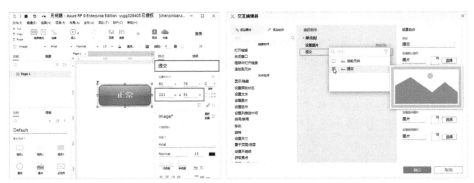

图7-60 使用"图片"元件　　　　　　　　　图7-61 添加事件和动作

STEP 03 单击"设置默认图片"选项后的"选择"按钮，弹出"打开"对话框，在其中选择"73901.jpg"图片，单击"打开"按钮。继续使用相同的方法添加鼠标悬停图片和鼠标按下图片，如图7-62所示。

STEP 04 设置完成后，在"交互编辑器"对话框中单击"确定"按钮，完成为元件添加交互的操作。单击工具栏中的"预览"按钮，预览效果如图7-63所示。

图7-62 设置动作参数　　　　　　　　　　图7-63 预览效果

7.3.10 设置选中

使用"设置选中"动作可以设置元件是否为选中状态，此动作通常是为了配合其他事件而设置的一种状态。

为某个元件添加了"设置选中"动作后，在"交互编辑器"对话框的右侧或"交互"面板的弹出面板中，可以为该动作选择目标元件和设置参数。单击"设置"输入框，在打开的下拉列表框中包括值、变量值、选中状态和禁用状态4个选项，如图7-64所示。

图7-64 设置选中动作

要想使用该动作，元件必须本身具有选中选项或使用了如"设置图片"等动作。简单来说就是为一个按钮元件设置选中动作后，则该元件在预览时将显示为选中状态。

7.3.11 启用/禁用

用户可以使用该动作设置元件的使用状态为启用或禁用，也可以设置当满足某种条件时，元件被启用或被禁用，此动作通常会配合其他动作一起使用。

7.3.12 移动

用户可以为某个元件添加"移动"动作，在"交互编辑器"对话框的右侧或"交互"面板的弹出面板中选择"移动"方式为"经过"或"到达"，如图7-65所示。在文本框中输入移动的坐标位置，如图7-66所示。

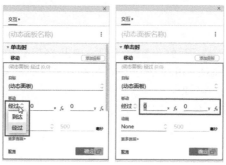

图7-65 设置移动方式　　图7-66 设置移动坐标

单击"动画"文本框，打开如图7-67所示的"动画"下拉列表框，在"时间"文本框中输入持续时间。可以通过为"移动"动作设置边界，控制元件移动的界限，如图7-68所示。

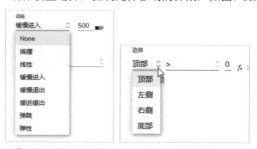

图7-67 设置动画效果　　图7-68 设置边界

7.3.13 应用案例——设计制作切换案例

源文件：资源包\源文件\第7章\7-3-13.rp
素　材：无
技术要点：掌握【设计制作切换案例】的方法

扫描查看演示视频

STEP 01 新建一个文件，使用"矩形2"元件和"主要按钮"元件创建如图7-69所示的页面效果。

STEP 02 选择"主要按钮"元件，为其添加"单击时"事件，如图7-70所示。

图7-69 创建页面效果　　　　　图7-70 添加事件

STEP 03 选择"移动"动作，选择"矩形 2"复选框，设置移动动作参数，如图 7-71 所示。

STEP 04 单击"确定"按钮，完成交互效果的设置，单击工具栏中的"预览"按钮，浏览器中的预览效果如图 7-72 所示。

图7-71 设置动作　　　　　　　　图7-72 预览效果

7.3.14 旋转

"旋转"动作可以实现元件旋转效果。用户可以在"设置动作"选项组中设置元件旋转的角度、方向、锚点、锚点偏移和动画及事件，如图7-73所示。

图7-73 设置旋转动作

7.3.15 应用案例——制作抽奖幸运转盘

　　源文件：资源包\源文件\第7章\7-3-15.rp
　　素　材：资源包\素材\第7章\73151.jpg
　　技术要点：掌握【"旋转"动作】的使用方法

扫描查看演示视频　扫描下载素材

STEP 01 新建一个文件，将"图片"元件拖曳到页面中并导入图片素材。将"流程图"元件库中的三角形元件拖曳到页面中，调整其大小、填充和线段颜色，页面效果如图 7-74 所示，选中图片元件并将其重命名为"转盘"。

STEP 02 在"交互编辑器"对话框中添加"单击时"事件，再添加"设置变量值"动作，添加一个名为"angle"的全局变量，设置目标变量和值的函数或表达式，如图 7-75 所示。

图7-74 页面效果　　　　　　　　图7-75 设置变量值

STEP 03 再添加"旋转"动作，为动作设置目标元件、旋转方向、旋转方式和交互动画等参数，如图7-76所示。

STEP 04 最后添加"等待"动作，设置等待5000毫秒，设置完成后单击"确定"按钮。单击工具栏中的"预览"按钮，在浏览器中的预览效果如图7-77所示。

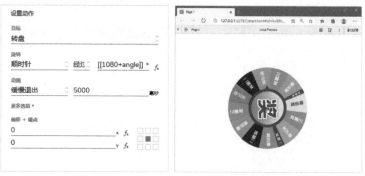

图7-76 添加旋转动作　　　　　　　　图7-77 预览效果

7.3.16 设置尺寸

使用"设置尺寸"动作可以为元件指定一个新的尺寸。用户可以在尺寸的文本框中输入当前元件的尺寸。单击"锚点"图形可以选择不同的中心点，锚点不同，动画效果也会不同。如图7-78所示。

在"动画"下拉列表框中选择不同的动画形式，如图7-79所示。在"时间"文本框中输入动画持续的时间。

图7-78 设置尺寸和锚点　　　　　　图7-79 设置动画形式

7.3.17 置于顶层/底层

使用"置于顶层/底层"动作，可以实现当满足条件时，将元件置于所有对象的顶层或底层。添加该动作后，用户可以在"设置动作"选项组中设置将元件置于顶层还是置于底层，如图7-80所示。

7.3.18 设置不透明

使用"设置不透明"动作，可以设置元件的隐藏或半透明效果。添加该动作后，用户可以在"设置动作"选项组中为元件设置不透明性和动画等参数，如图7-81所示。

图7-80 设置元件置于顶层/底层　　图7-81 设置元件不透明性和动画等参数

7.3.19 获取焦点

"获取焦点"是指当一个元件通过点击时的瞬间，如用户在"文本框"元件上单击，然后输入文字。这个单击的动作，就是获取了该文本框的焦点。该动作只针对"表单元件"起作用。

将"文本框"元件拖入到页面中，在"交互"面板中添加提示文字，如图7-82所示。选择元件，添加"获取焦点时"事件，添加"获取焦点"动作，选择"文本框"元件并选择"获取焦点时选中元件上的文本"复选框，如图7-83所示。

图7-82 输入提示文字   图7-83 设置动作

单击"确定"按钮，完成交互的制作。单击"预览"按钮，预览效果如图7-84所示。

图7-84 预览效果

7.3.20 展开/收起树节点

"展开/收起树节点"动作主要被应用于"树"元件、"水平菜单"元件和"垂直菜单"元件。通过为元件添加动作，实现展开或收起树节点的操作，如图7-85所示。

图7-85 设置动作参数

7.4 设置交互样式

用户可以通过设置交互样式，快速为元件制作精美的交互效果。交互样式设置的事件只有5种，分别是鼠标悬停、鼠标按下、选中、禁用和获取焦点。

7.4.1 为元件设置交互样式

选中元件，单击鼠标右键，在弹出的快捷菜单中选择"交互样式"命令，如图7-86所示。用户可

159

以在弹出的"交互样式"对话框中完成交互样式的设置，如图7-87所示。

图7-86 选择"交互样式"命令　　图7-87 "交互样式"对话框

用户可以选择在不同的状态下为元件设置样式，以实现当鼠标悬停、鼠标按下、选中、禁用和获取焦点时元件不同的样式。

7.4.2 应用案例——为元件设置交互样式

源文件：资源包\源文件\第7章\7-4-2.rp

素　材：无

技术要点：掌握【为元件设置交互样式】的方法

扫描查看演示视频

STEP 01 新建一个文件，将"按钮"元件拖曳到页面中，单击鼠标右键，在弹出的快捷菜单中选择"交互样式"命令，弹出"交互样式"对话框，在"鼠标悬停"选项卡下设置"填充颜色""字号""边框宽度"等参数，如图7-88所示。

STEP 02 设置完成后，分别选择"鼠标按下"和"选中"选项卡，设置"填充颜色""字号""边框宽度"等参数，如图7-89所示。

图7-88 设置"鼠标悬停"样式　　图7-89 设置"鼠标按下"和"选中"样式

STEP 03 设置完成后单击"确定"按钮，单击鼠标右键，在弹出的快捷菜单中选择"转换为母版"命令，弹出"创建母版"对话框，设置母版名称，如图7-90所示。

STEP 04 完成后单击"继续"按钮，母版的显示效果如图7-91所示。

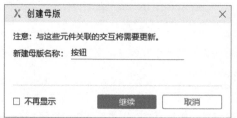 

图7-90 "创建母版"对话框　　　　　　图7-91 母版显示效果

7.4.3 应用案例——制作动态按钮

　　源文件：资源包\源文件\第7章\7-4-3.rp
　　素　材：资源包\素材\第7章\7-4-3.rp
　　技术要点：掌握【制作动态按钮】的方法

扫描查看演示视频　　扫描下载素材

STEP 01 打开"素材 \ 第 7 章 \7-4-3.rp"文件，选中"按钮"母版并按住【Ctrl】键向右拖曳母版，连续复制 3 个母版，在"样式"选项卡下分别将母版元件命名"pic 1""pic 2""pic 3""pic 4"，如图 7-92 所示。

STEP 02 在页面的空白处单击，在"交互"面板中单击"新建交互"按钮，在打开的下拉列表框中选择"页面载入时"事件，继续在打开的下拉列表框中选择"设置文本"动作，如图 7-93 所示。

图7-92 复制母版元件　　　　　图7-93 添加交互事件和动作

STEP 03 在打开的面板中设置"目标"为"pic 1"元件、"设置为"为"文本"、"值"为"首页"，完成后单击"确定"按钮。继续单击"添加目标"按钮，为"pic 2"元件和"pic 3"元件设置文本值，如图 7-94 所示，继续添加"设置选中"动作并设置参数。

STEP 04 单击"新建交互"按钮，在打开的面板中选择"页面鼠标移动时"事件，继续在打开的面板中选择"设置选中"动作，设置参数如图 7-95 所示，完成后的预览效果如图 7-96 所示。

图7-94 设置动作参数　　　　图7-95 设置参数　　　　图7-96 预览效果

7.5 答疑解惑

　　页面交互设计是原型设计中非常重要的一环，读者在了解了添加事件和动作功能的前提下，还要善于思考，综合运用多种元素，从而完成逼真的页面效果。

7.5.1 如何通过"动态面板"实现焦点图片效果？

　　用户需要在页面中添加"动态面板"元件，在"动态面板"元件的编辑状态中创建不同的状态用以呈现放大的焦点图片。在主页中为"动态面板"的每一个状态创建相应的缩略图。

　　为每一个缩略图添加"鼠标移入时"事件，然后在"交互编辑器"对话框中选择"设置面板状态"动作，在配置动作时，为每一个缩略图选择相应的状态并设置交互动画，如图7-97所示。

设置完成后单击"确定"按钮，在浏览器中预览，当光标移入缩略图中，即可查看大图的焦点图片效果，如图7-98所示。

图7-97 设置参数　　　　　　　　　　　图7-98 预览效果

7.5.2 使用"设置尺寸"动作完成进度条的制作

灵活地运用各种动作，可以实现丰富的交互效果。"设置尺寸"动作除了可以设置在元件上，也可以在"页面载入时"使用。

当页面载入时，使用"设置尺寸"动作将"矩形"元件或"动态面板"元件的宽度设置为1，然后再次使用"设置尺寸"动作设置元件的宽度，并设置"动画"形式和持续时间，如图7-99所示。

图7-99 添加元件并设置交互事件与动作

设置完成后，可以制作出类似进度条的动画效果。在打开的浏览器中，进度条的预览效果如图7-100所示。

图 7-100 进度条的预览效果

图7-100 进度条的预览效果（续）

7.6 总结扩展

使用Axure RP 9制作交互效果是学习Axure RP 9制作产品原型的重中之重，用户只有熟练地掌握制作交互设计的方法，才能制作出与上线发布后一致的产品原型。

7.6.1 本章小结

本章介绍了向元件中添加比较简单的交互效果的方法和技巧。读者应该熟练掌握为各种元件添加交互事件和交互动作的方法，并掌握为交互动作设置各种参数的技巧。同时还要学会为元件添加"交互样式"，从而彻底掌握为元件制作简单交互效果的方法和技巧。

7.6.2 扩展练习——设计制作按钮交互样式

源文件：资源包\源文件\第7章\7-6-2.rp
素　材：无
技术要点：掌握【设计制作按钮交互样式】的方法

扫描查看演示视频

掌握了Axure RP 9中元件样式和交互样式的设置方法后，用户应多加练习，从而加深对相关知识点的理解。接下来通过设计制作一个按钮的交互样式，进一步理解设置交互样式的知识点。图7-101所示为设置完成后的按钮交互样式预览效果。

图7-101 设置完成后的按钮交互样式预览效果

第8章 高级交互设计

本章将针对Axure RP 9中难度较高的"全局变量"动作进行介绍，并对全局变量、局部变量和设置条件3个知识点进行案例讲解。在制作案例的过程中，要逐渐理解变量的原理和应用技巧，同时，本章也将针对"中继器"动作、其他动作，以及函数的使用进行介绍。

8.1 变量

Axure RP 9中的变量是一个非常有个性和使用价值的功能，利用变量，可以实现很多需要复杂条件判断或者需要传递参数的功能逻辑，大大丰富了原型演示可实现的效果。变量分为全局变量和局部变量两种，接下来逐一进行讲解。

8.1.1 全局变量

全局变量是一个数据容器，就像一个硬盘，可以把需要的内容存入，随身携带。在需要时通过读取随时调用。

全局变量的作用范围为一个页面内，即在"页面"面板中的一个节点内（不包含子节点）有效，所以这个全局也不是指整个原型文件内的所有页面都通用，有一定的局限性。

在"交互编辑器"对话框中选择"设置变量值"动作选项，弹出如图8-1所示的对话框。默认情况下该对话框中只包含一个全局变量："OnLoadVariable"。选择"OnLoadVariable"复选框，用户可以在对话框的右侧完成全局变量值的设置，如图8-2所示。

Learning Objectives
学习重点

171 页
设置制作用户登录界面

172 页
使用变量完成加法运算

175 页
查看滑动解锁的效果

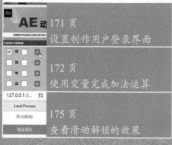

177 页
使用中继器添加分页

185 页
设计制作宝贝详情页1

187 页
制作产品局部放大草图

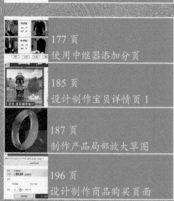

196 页
设计制作商品购买页面

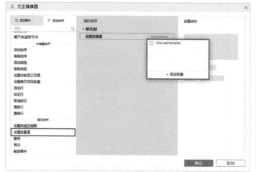

图8-1 "交互编辑器"对话框

图8-2 设置全局变量

Axure RP 9共提供了10种全局变量值供用户使用，具体功能如下。

● 值：直接获取一个常量，可以是数值或字符串。

● 变量值：获取另外一个变量的值。

- 变量值长度：获取另外一个变量的值的长度。
- 元件文字：获取元件上的文字。
- 焦点元件文字：获取焦点元件上的文字。
- 元件文字长度：获取元件文字的值的长度。
- 被选项：获取被选择的项目。
- 禁用状态：获取元件的禁用状态
- 选中状态：获取元件的选中状态。
- 面板状态：获取面板的当前状态。

在"交互编辑器"对话框右侧选择"设置动作>目标"选项，在打开的下拉列表框中单击"添加变量"按钮，即可创建一个新的全局变量，如图8-3所示。在弹出的"全局变量"对话框中单击"添加"按钮，即可新建一个全局变量，如图8-4所示。

图8-3 添加变量　　　　　　　　　图8-4 添加全局变量

用户可以重命名全局变量，以便查找和使用，如图8-5所示。可以通过单击"上移"或"下移"按钮调整全局变量的顺序。单击"删除"按钮，将删除选中的全局变量。单击"确定"按钮，即可完成全局变量的创建，如图8-6所示。

图8-5 重命名全局变量　　　　　　　图8-6 移动和删除全局变量

8.1.2 应用案例——使用全局变量

源文件：资源包\源文件\第8章\8-1-2.rp
素　材：资源包\素材\第8章\8-1-2.rp
技术要点：掌握【使用全局变量】的方法

扫描查看演示视频　扫描下载素材

STEP 01 打开"素材\第8章\8-1-2.rp"文件，单击页面空白处，在"交互编辑器"对话框中选择"页面载入时"事件，在"添加动作"面板中选择"设置变量值"动作，如图8-7所示。

STEP 02 单击"添加变量"按钮，并在弹出的"全局变量"对话框中单击"添加"按钮，新建一个名为wenzi的全局变量，单击"确定"按钮，设置动作的各项参数，如图8-8所示。

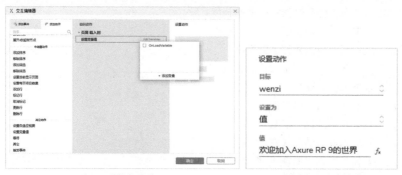

图8-7 设置变量值   图8-8 设置动作

STEP 03 单击"确定"按钮，选择"按钮"元件，在"交互编辑器"对话框中添加"单击时"事件，再添加"设置文本"动作，在"交互编辑器"右侧设置动作的各项参数，如图8-9所示。

STEP 04 单击"确定"按钮，单击"预览"按钮，页面预览效果如图8-10所示。

图8-9 设置参数   图8-10 预览效果

8.1.3 局部变量

　　局部变量仅适用于元件或页面的一个动作中，动作外的环境无法使用局部变量。可以为一个动作设置多个局部变量，Axure RP 9中没有限制变量的数量。不同的动作中，局部变量的名称可以相同，不会相互影响。如每个人的"身高"和"体重"都是不一样的，它们之间也不会有因果逻辑关系，不会相互影响。

◀)) 添加局部变量

　　用户可以在如图8-11所示的"交互编辑器"对话框的"组织动作"选项组中添加局部变量，单击"值"文本框右侧的 f_x 图标，弹出"编辑文本"对话框，如图8-12所示。

图8-11 "交互编辑器"对话框   图8-12 "编辑文本"对话框

　　单击"添加局部变量"链接，即可添加一个局部变量。局部变量由3部分组成，由左到右分别是变量名称、变量类型和添加变量的目标元件，如图8-13所示。

图8-13 局部变量的组成

◀») 编辑局部变量

　　添加局部变量时，系统默认设置局部变量名称为LVAR1，用户可以根据个人习惯自定义局部变量的名称。局部变量名称必须是字母或数字，不允许包含空格。

　　在"编辑文本"对话框中，用户可以在变量类型下拉列表框中选择局部变量的类型，如图8-14所示。

图8-14 选择局部变量的类型

可以在目标元件下拉列表框中选择添加变量的元件，如图8-15所示。

图8-15 选择添加变量的元件

◀») 插入局部变量

　　完成局部变量的添加后，单击对话框上方的"插入变量与函数"链接，在打开的下拉列表框中选择要添加的局部变量，即可完成变量的插入，如图8-16所示。单击"移除"按钮，即可将当前局部变量删除，如图8-17所示。

图8-16 插入局部变量　　　　　　　图8-17 删除局部变量

8.1.4 添加条件

　　用户可以为动作设置条件，控制动作发生的时机。单击"交互"面板中事件选项后面的"启用情形"按钮或者单击"交互编辑器"对话框事件选项后的"启用情形"按钮，如图8-18所示。

图8-18 单击"启用情形"按钮

　　弹出"情形编辑"对话框，单击"添加行"按钮，即可为事件添加一个条件，如图8-19所示。

图8-19 添加条件

　　添加动态条件包括用来进行逻辑判断的值、确定变量或元件名称、逻辑判断的运算符、用来被选择比较的值和输入框5部分，如图8-20所示。

　　单击"情形编辑"对话框右侧的"匹配以下全部条件"选项，打开如图8-21所示的下拉列表框。

图8-20 设置条件　　　　　　　　　　图8-21 确定条件逻辑

● 匹配以下全部条件：必须同时满足所有条件编辑器中的条件，用例才有可能发生。
● 匹配以下任何条件：只要满足所有条件编辑器中的任何一个条件，用例就会发生。

提示　　可以通过拖曳的方式，调整"概要"面板上"动态面板"状态页面的前后顺序。此顺序将影响轮播图的播放顺序。

◀))) 用来进行逻辑判断的值

在用来进行逻辑判断的值选项的下拉列表框中有15种选择值的方式，如图8-22所示。

图8-22 逻辑判断的值

● 值：自定义变量值。

● 变量值：能够根据一个变量的值来进行逻辑判断。例如，可以添加一个名为"日期"的变量，并且判断只有当日期为3月18日时，才发生"Happy Birthday"的用例。

● 变量值长度：在验证表单时，要验证用户选择的用户名或者密码长度。

● 元件文字：用来获取某个文本输入框中文本的值。

● 焦点元件文字：当前获得焦点的元件文本。

● 元件文字长度：与变量值长度相似，只不过判断的是某个元件的文本长度。

● 被选项：可以根据页面中某个复选框元件的选中与否来进行逻辑判断。

● 禁用状态：某个元件的禁用状态。根据元件的禁用状态来判断是否执行某个用例。

● 选中状态：某个元件的选中状态。根据元件是否被选中来判断是否执行某个用例。

● 面板状态：某个动态面板的状态。根据动态面板的状态来判断是否执行某个用例。

● 元件可见：某个元件是否可见。根据元件是否可见来判断是否执行某个用例。

● 按下的键：根据按下键盘上的某个键来判断是否要执行某些操作。

● 指针：可以通过当前指针获取鼠标的当前位置，实现鼠标拖曳的相关功能。

● 元件范围：为元件事件添加条件事件指定的范围。

● 自适应视图：根据一个元件的所在面板进行判断。

◀))) 确定变量或元件的名称

确定变量或元件的名称是根据前面的选择方式来确定的。如果前面选择的逻辑判断值是"变量值"选项，确定变量或元件的名称可以选择"OnLoadVariable"选项；也可以选择"新建"选项，添加新的变量，如图8-23所示。

图8-23 确定变量或元件的名称

逻辑判断的运算符

用户可以在该选项的下拉列表框中选择添加逻辑判断运算符，如图8-24所示。Axure RP 9共为用户提供了10种逻辑判断运算符。

图8-24 选择逻辑判断运算符

用来被选择比较的值

此选项的值是和"用来进行逻辑判断的值"做比较的值，选择的方式和"用来进行逻辑判断的值"一样，如图8-25所示。如选择比较两个变量，刚才选择了第1个变量的名称，现在就要选择第2个变量的名称。

图8-25 用来被选择比较的值

输入框

如果"用来被选择比较的值"选择的是"文本"，则需要在输入框中输入具体的值，如图8-26所示。Axure RP 9会根据用户在前面几部分中的输入，在"条件"选项组中生成一段描述，便于用户判断条件是否是逻辑正确的，如图8-27所示。

图8-26 在输入框中输入数值　　　　　　　　　图8-27 条件描述

单击"ƒ"按钮，可以在输入值时使用一些常规的函数，如获取日期、截断和获取字符串、预设置参数等。单击"＋"按钮或者单击"添加行"按钮，即可添加行，新增一个条件；单击"×"按钮，即可删除一个条件。

提示

添加交互时，打开元件编辑器，首先选择要使用的若干个动作，然后再针对动作进行参数设定即可。

当需要同时为多个动作改变条件判断关系时，可以在相应的动作名称上单击鼠标右键，在弹出的快捷菜单中选择"切换为[如果]或[否则]"命令，如图8-28所示。

图8-28 改变条件判断关系

8.1.5 应用案例——设计制作用户登录界面

源文件：资源包\源文件\第8章\8-1-5.rp
素　材：资源包\素材\第8章\8-1-5.rp
技术要点：掌握【为登录界面设置交互效果】的方法

 扫描查看演示视频 扫描下载素材

STEP 01 打开"素材 \ 第 8 章 \8-1-5.rp"文件。选中登录按钮元件，在"交互编辑器"对话框左侧选择"单击时"事件后，单击"启用情形"按钮。在弹出的"情形编辑"对话框中创建两个条件，设置各项参数，如图 8-29 所示。

STEP 02 完成后单击"确定"按钮，返回"交互编辑器"对话框，在"添加动作"选项卡下单击"打开链接"动作，设置动作的各项参数，如图 8-30 所示。

图8-29 创建条件并设置参数　　　　　图8-30 设置动作的各项参数

STEP 03 再次单击"启用情形"按钮，在弹出的"情形编辑"对话框中单击"添加条件"按钮后单击"确定"按钮，添加"显示 / 隐藏"动作，设置各项参数，如图 8-31 所示。

STEP 04 单击"确定"按钮完成交互制作。单击工具栏中的"预览"按钮，预览效果如图 8-32 所示。

图8-31 添加条件和动作　　　　　　　图8-32 预览效果

提示 没有输入用户名和密码或输入错误的用户名和密码时，界面将弹出提示内容。设置用户名为"xdesign8"，密码为"123456"时，将打开指定的网址。

8.1.6 使用表达式

表达式是由数字、运算符、数字分组符号（括号）、变量等组合而成的公式。在Axure RP 9中，表达式必须写在[[ ]]中，否则将不能作为正确表达式进行运算。

◀)) 算术运算符类型

运算符是用来执行程序代码运算的，会针对一个以上操作数项目进行运算。Axure RP 9中共包含4种运算符，分别是算术运算符、关系运算符、赋值运算符和逻辑运算符。

● 算术运算符

算术运算符就是常说的加、减、乘、除符号，符号是"＋""－""*""/"，如a+b、b/c等。除了以上4个算术运算符，还有一个取余数运算符，符号是"%"。取余数是指将前面的数字中完整包含了后面的部分去除，只保留剩余的部分，如18%5，结果为3。

● 关系运算符

Axure RP 9中共有6种关系运算符，分别是"<""<="">"">=""==""!="。关系运算符用于对其两侧的表达式进行比较，并返回比较结果。比较结果只有真或假两种，即"True"或"False"。

● 赋值运算符

Axure RP 9中的赋值运算符是"="。赋值运算符能够将其右侧的表达式运算结果赋值给左侧一个能够被修改的值，如变量、元件文字等。

● 逻辑运算符

Axure RP 9中的逻辑运算符有两种，分别是"&&"和"‖"。"&&"表示并且的关系，"‖"表示或者的关系。逻辑运算符能够将多个表达式连接在一起，形成更复杂的表达式。

在Axure RP中还有一种逻辑运算符"！"，表示"不是"的意思，它能够将表达式结果取反。

例如，！（a+b&&=c），返回的值与（a+b&&=c）的值相反。

● 表达式的格式

a+b、a>b或者a+b&&=c等都是表达式。在Axure RP中只有在值被编辑时才可以使用表达式，表达式必须写在[[ ]]中。

下面举几个例子进行说明。

[[name]]：这个表达式没有运算符，返回值是"name"的变量值。

[[18/3]]：这个表达式的结果是6。

[[name=='admin']]：当变量"name"的值为"admin"时，返回"True"，否则返回"False"。

[[num1+num2]]：当两个变量值为数字时，这个表达式的返回值为两个数字的和。

提示 如果想将两个表达式的内容链接在一起或者将表达式的返回值与其他文字链接在一起，只需将它们写在一起即可。

8.1.7 应用案例——使用变量完成加法运算

源文件：无

素　材：无

技术要点：掌握【算术运算符】的使用方法

扫描查看演示视频

STEP 01 新建一个 Axure RP 9 文档。使用"矩形 3"元件、"文本框"元件、"文本标签"元件和"主要按钮"元件完成页面的制作，分别为"文本框"元件和"按钮"元件设置名称，如图 8-33 所示。

STEP 02 选择"计算加"按钮元件，添加"单击时"事件，再添加"设置变量值"动作，单击"添加全局变量"按钮，新建全局变量"a"并设置动作，如图 8-34 所示；使用相同的方法，新建全局变量"b"并设置动作。

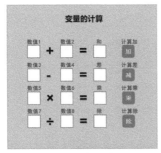

图8-33 指定元件名　　　　　图8-34 添加并设置全局变量

STEP 03 添加"设置文本"动作，设置"目标"为"和"，单击"值"选项右侧的"f_x"按钮，插入表达式。单击"确定"按钮，设置动作面板如图 8-35 所示。

STEP 04 单击"确定"按钮，单击"预览"按钮，页面预览效果如图 8-36 所示。

图8-35 设置动作　　　　　图8-36 预览效果

8.1.8 应用案例——制作滑动解锁页面

源文件：资源包\素材\第8章\8-1-801.rp
素　材：资源包\素材\第8章\81801.jpg
技术要点：掌握【制作滑动解锁页面】的方法

扫描查看演示视频　扫描下载素材

STEP 01 新建一个文件。使用"矩形"元件、"文本"元件和"图片"元件制作原型页面，为灰色矩形和橙色矩形命名，如图 8-37 所示。

STEP 02 选中"图片"元件并将其转换为"动态面板"元件。在"交互编辑器"对话框中添加"拖动时"事件并添加情形，设置"情形编辑"对话框中的参数，如图 8-38 所示。

图8-37 制作页面　　　　　图8-38 "情形编辑"对话框

STEP 03 单击"确定"按钮。添加"移动"动作，设置移动方式为"跟随水平拖动"，单击"添加界限"按钮，选择左侧边界选项，单击"f_x"按钮，弹出"编辑值"对话框，在其中新建一个局部变量，并设置变量或函数，如图8-39所示。

STEP 04 单击"确定"按钮，完成左侧边界的参数设置。使用相同的方法设置右侧边界，如图8-40所示。

图8-39 设置动作　　　　　　　　图8-40 设置右侧边界参数

8.1.9 应用案例——为滑动解锁设置情形

源文件：无
素　材：无
技术要点：掌握【为元件设置情形】的方法

扫描查看演示视频

STEP 01 接上一个案例，选中"动态面板"元件并打开"交互编辑器"对话框，添加"设置文本"动作，选择目标元件为文本"0"，"设置为""文本为"，单击"f_x"按钮，在弹出的"编辑文本"对话框中创建局部变量并插入变量和函数，如图8-41所示。

STEP 02 单击"确定"按钮后，再添加"设置尺寸"动作，选择"橙色"元件，单击"w"选项后的"f_x"按钮，在弹出的"编辑文本"对话框中创建局部变量并插入变量或函数，如图8-42所示，设置"h"为35。

图8-41 "编辑文本"对话框　　　　　　图8-42 "编辑值"对话框

STEP 03 单击"交互编辑器"对话框中的"拖动时"事件右侧的"启用情形"按钮，弹出"情形编辑"对话框，设置参数，如图8-43所示。

STEP 04 单击"确定"按钮，添加"设置文本"动作，如图8-44所示。

图8-43 "情形编辑"对话框　　　　　　图8-44 设置动作

8.1.10　应用案例——查看滑动解锁的效果

源文件：资源包\源文件\第8章\8-1-10.rp
素　材：无
技术要点：掌握【为元件设置情形】的方法

扫描查看演示视频

STEP 01 接上一个案例，选中"动态面板"元件，打开"交互编辑器"对话框，添加"拖动结束时"事件并添加情形，"情形编辑"对话框的设置如图 8-45 所示。

STEP 02 添加"移动"动作，设置动作的各项参数。添加"设置尺寸"动作，设置动作的各项参数，如图8-46所示。

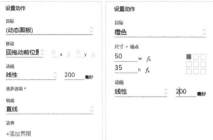

图8-45 "情形编辑"对话框　　　　　　图8-46 设置动作

STEP 03 添加"设置文本"动作，设置动作的各项参数，如图 8-47 所示，单击"确定"按钮。将"图片"元件拖曳到橙色矩形上。选中"0"文本元件，将其隐藏。

STEP 04 单击"预览"按钮，预览页面效果。拖动图片元件效果如图 8-48 所示。

图8-47 设置动作　　　　　图8-48 预览页面效果

8.2　中继器的组成

"中继器"元件是Axure RP 9中的一款高级元件，是一个存放数据集的容器。通常使用中继器来显示商品列表、联系人信息列表和数据表等。

8.2.1　数据集

"中继器"元件由中继器数据集中的数据项填充组成，数据项可以是文本、图片或页面链接。将"中继器"元件从"元件"面板拖曳到页面中，双击页面中的"中继器"元件，进入中继器编辑模式。

用户可以在这种模式下对中继器进行编辑，编辑完成后单击右上角的"关闭"按钮，即可退出中继器编辑模式，返回页面编辑模式。

8.2.2　项目交互

项目交互主要用来将数据集中的数据传递到原型中的元件并显示出来；或者根据数据集中的数据执行相应的动作。

单击"交互"面板中的"新建交互"按钮，即可在下拉列表框中看到项目交互事件，项目交互只有"载入时""每项加载""列表项尺寸改变"3个触发事件，如图8-49所示。

在3个触发事件中，比较常用的是"每项加载"事件。选中"中继器"元件，在"交互编辑器"对话框中可以看到添加"每项加载"事件的动作设置，如图8-50所示。

图8-49 项目交互事件　　　　　图8-50 "每项加载"事件的动作设置

8.2.3 中继器元件动作

在"交互编辑器"对话框中，为中继器提供了11种动作，如图8-51所示。为中继器添加某些动作，可以完成添加、删除和修改等操作，并能够实时呈现。这就让原型产品的效果更加丰富、逼真。而如果添加排序的各种动作，则使中继器具有筛选功能，能够让数据按照不同的条件排列。

图8-51 中继器元件的动作

8.3 中继器动作

掌握了中继器的组成后，接下来学习一下中继器数据集的操作。数据集可以完成添加、删除和修改等操作，并能够实时呈现，使原型产品的效果更加丰富、逼真。同时中继器还具有筛选功能，能够让数据按照不同的条件排列。

8.3.1 设置分页与数量

通过数据集填充了中继器的数据，如果希望这些数据能够分页显示，可以通过"样式"面板设置分页。然后，再通过"设置当前显示页面"动作，动态设置中继器元件默认显示的数据页，如图8-52所示。

设置每页项目数量，允许改变当前可见页的数据项数量，如图8-53所示。

🔊 显示全部列表项

设置中继器在一页中显示的所有项。

176

◀》每页显示多少项
....
设置中继器每页显示数据项的数量。

图8-52 设置当前显示页面　图8-53 设置每页项目数量

　　用户可以在"样式"面板的"布局"选项卡中设置排版方向和每行中的项目数量。首先选择"垂直"或"水平"方向布局，再选择"网络排布"复选框，在"每列项数量"或"每行项数量"文本框中输入数值，即可完成中继器的数据项目排布，如图8-54所示。

图8-54 完成数据项目排布

　　在"交互"面板中单击"新建交互"按钮，在打开的面板中选择"载入时"事件，继续在打开的面板中选择"设置每页项目数量"动作，设置每页数量为4，如图8-55所示。设置完成后，在浏览器中可以预览每页和每行的项目数量，如图8-56所示。

图8-55 设置参数　　　　图8-56 预览项目数量

8.3.2 应用案例——使用中继器添加分页

源文件：资源包\源文件\第8章\8-3-2.rp
素　材：资源包\素材\第8章\8-3-2.rp
技术要点：掌握【使用中继器添加分页】的方法

扫描查看演示视频

扫描下载素材

STEP 01 打开"素材\第8章\8-3-2.rp"文件，在"交互编辑器"对话框中添加"页面载入时"事件，选择"设置每页项目数量"动作，选择"中继器"选项，设置显示数量为"4"，如图8-57所示，单击"确定"按钮。

STEP 02 使用"按钮"元件在页面中添加元件，效果如图8-58所示。

图8-57 设置动作　　　　　　　　　　图8-58 添加元件

STEP 03 选中"首页"按钮，在"交互编辑器"对话框中添加"单击时"事件，再选择"设置当前显示页面"动作，选择"中继器"选项，设置"页面"为"Value"，"页码"为"1"，如图8-59所示。

STEP 04 使用相同的方法，在"交互编辑器"对话框中为"尾页"按钮选择"Last"页面，"上一页"按钮选择"Previous"页面，"下一页"按钮选择"Next"页面。单击"预览"按钮，预览效果如图8-60所示。

图8-59 使用按钮元件　　　　　　图8-60 预览页面效果

 在"样式"面板中直接设置的分页效果将直接显示在页面中，而通过脚本实现的效果则只能在预览页面时才显示。

8.3.3 添加和移除排序

使用中继器的"添加排序"动作可以对数据集中的数据项进行排序。在"交互编辑器"对话框的"设置动作"面板中设置各项参数，如图8-61所示。

使用中继器的"移除排序"动作可以对已添加的排序规则进行移除。用户可以在"交互编辑器"对话框的"设置动作"面板中选择移除所有设置，或者输入名称，移除指定的设置，如图8-62所示。

图8-61 添加排序　　　　　　图8-62 "移除排序"动作

8.3.4 应用案例——使用中继器设置排序

源文件：资源包\源文件\第8章\8-3-4.rp
素　材：资源包\素材\第8章\8-3-4.rp
技术要点：掌握【使用中继器设置排序】的方法

扫描查看演示视频　扫描下载素材

STEP 01 打开"素材\第 8 章\8-3-4.rp"文件，将"按钮"元件拖曳到页面中，调整大小、位置和文字内容，效果如图 8-63 所示。

STEP 02 选中"按钮"元件，在"交互编辑器"对话框中为其添加"单击时"事件，选择"添加排序"动作，选择按照价格进行"升序"排列，如图 8-64 所示。

图8-63 使用按钮元件　　　　　图8-64 升序排列

STEP 03 按住键盘上的【Ctrl】键，复制按钮元件。将"交互编辑器"对话框中的"排序"设置为"降序"排列，如图 8-65 所示。

STEP 04 单击"确定"按钮，返回"page 1"页面，单击"预览"按钮或按【Ctrl+.】组合键预览页面，页面预览效果如图 8-66 所示。

图8-65 降序排列　　　　　图8-66 预览页面效果

8.3.5 添加和移除筛选

使用中继器的"添加筛选"动作，在"设置动作"面板中选中中继器并为其添加筛选规则，如[[Item.price<=999]]，意思是将价格小于等于999的数据显示出来，不符合条件的不显示，如图8-67所示。

使用中继器的"移除筛选"动作，可以把已添加的过滤移除。可以选择移除所有过滤，也可以输入过滤名称，移除指定的过滤，如图8-68所示。

图8-67 添加筛选　　　　　图8-68 移除筛选

8.3.6 添加和移除项目

中继器的添加和删除共包含添加行、标记行、取消标记、更新行和删除行5种动作。在生成的HTML原型中，中继器的项可以被添加和删除，但是要删除特定的行，必须先"标记行"。

◀)) 添加行

使用"添加行"动作可以动态地添加数据到中继器数据集。

◀)) 标记行

"标记行"动作的意思是选择想要编辑的指定行。

◀)) 取消标记

"取消标记"动作可以用来取消选择项。使用此动作可以取消标记当前行、取消标记全部行，或者按规则取消标记行。

◀)) 更新行

使用"更新行"动作，可以动态地将值插入到已选择的中继器项中，可以更新已标记的行，也可以使用规则更新行。例如，首先使用"标记行"动作选中任意一款或多款商品，再使用"更新行"动作将选中商品的销量、价格和评价进行更新。

◀)) 删除行

如果已经对中继器数据集中的项进行了标记行，则可以使用"删除行"动作删除已经被标记的行。另外，还可以按照规则删除行。

8.3.7 应用案例——使用中继器实现自增

源文件：资源包\源文件\第8章\8-3-7.rp
素　材：无
技术要点：掌握【使用中继器实现自增】的方法

扫描查看演示视频

STEP 01 新建一个文件，将"按钮"元件拖曳到页面中，修改按钮中的文字为"增加"。将"中继器"元件拖曳到页面中，进入中继器的编辑状态，修改其大小并将"数据集"栏目删除至"1"行，如图8-69所示。

STEP 02 返回主页面，将"中继器"元件命名为"RE"，选择"按钮"元件，添加"单击时"事件，再添加"添加行"动作，选择"RE"复选框，单击"添加行"按钮，如图8-70所示。

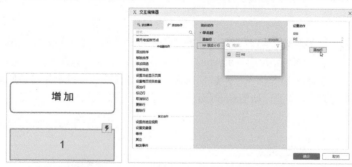

图8-69 使用元件　　　　　　　　　图8-70 设置动作

STEP 03 在弹出的"添加行到中继器"对话框中单击" f_x "按钮，在弹出的"编辑值"对话框中单击"添加局部变量"链接，设置各项参数，单击"插入变量或函数"链接，插入如图8-71所示的表达式。

STEP 04 单击"确定"按钮，在"添加行到中继器"对话框中单击"确定"按钮，继续在"交互编辑器"对话框中单击"确定"按钮。单击"预览"按钮，预览页面效果如图8-72所示。

图8-71 "编辑值"对话框　　　　　　　　图8-72 预览效果

8.3.8 项目列表操作

中继器中的项目列表通常是按照输入数据的顺序进行显示的。用户可以通过添加交互，实现更丰富的显示效果，如显示当前页码和总页码。

8.3.9 应用案例——使用中继器显示页码1

源文件：无
素　材：资源包\素材\第8章\8-3-9.rp
技术要点：掌握【使用中继器显示页码】的方法

扫描查看演示视频　扫描下载素材

STEP 01 打开"素材 \ 第 8 章 \8-3-9.rp"文件，将"文本标签"元件拖曳到页面中，设置其大小、位置和文本，创建如图 8-73 所示的页面效果。

STEP 02 继续使用"文本标签"元件，创建两个页码文本。分别为两个页码文本指定名称，如图 8-74 所示。

图8-73 使用文本标签元件 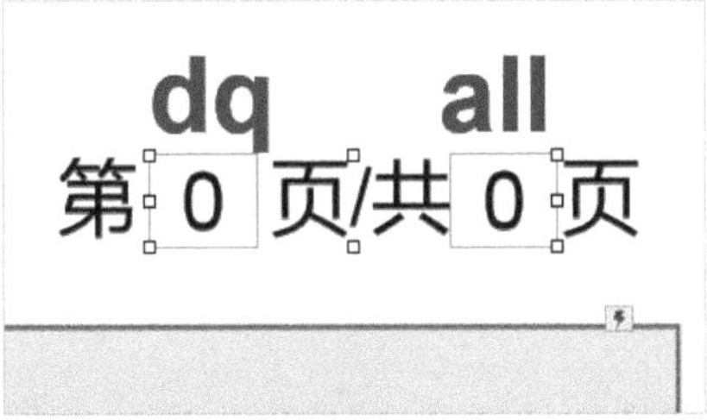　　　　　　图8-74 为元件指定名称

STEP 03 选择中继器元件，在"交互编辑器"对话框中添加"载入时"事件，再选择"设置文本"动作，设置为"目标""dq"元件，设置"文本"为"富文本"，如图 8-75 所示。

STEP 04 单击"编辑文本"按钮，在弹出的"输入文本"对话框中单击底部的"添加局部变量"链接，设置参数。单击"插入变量或函数"链接，插入表达式并在右侧设置显示文本样式，如图 8-76 所示，单击"确定"按钮。

图8-75 设置文本 　　　　　　　　　　图8-76 "输入文本"对话框

8.3.10 应用案例——使用中继器显示页码2

源文件：资源包\源文件\第8章\8-3-10.rp
素　材：无
技术要点：掌握【使用中继器显示页码】的方法

扫描查看演示视频

STEP 01 接上一个案例，将"all"元件设置为目标，使用相同的方法添加文本，如图8-77所示。

STEP 02 在"交互编辑器"对话框中选择刚刚创建的动作，按【Ctrl+C】组合键或单击鼠标右键，在弹出的快捷菜单中选择"复制"命令，如图8-78所示。

图8-77 插入变量或函数　　　　　图8-78 复制动作

提示　为了保证每一个分页面都能够正确显示总页数和当前页数，需要将显示页码的事件添加到所有控制按钮上。

STEP 03 完成后单击"确定"按钮，选择底部的"首页"按钮，在"交互编辑器"对话框的动作面板上单击鼠标右键，在弹出的快捷菜单中选择"粘贴"命令，效果如图8-79所示。

STEP 04 继续使用相同的方法，复制动作到其他几个按钮上。单击工具栏中的"预览"按钮，预览原型产品的效果，如图8-80所示。

图8-79 粘贴动作　　　　　图8-80 预览效果

8.4 其他动作

在"交互编辑器"对话框的"添加动作"选项卡下，"其他动作"的数量如图8-81所示。除了之前使用过的"设置自适应视图"和"设置变量值"动作，还包含"等待""其他""触发事件"3个动作，这3个动作的功能如下。

图8-81 其他动作

◀)) 等待
....
让Axure RP 9在等待一定的毫秒数后，再执行下面的动作，类似编程中的sleep功能。

◀)) 其他

包括其他任何Axure RP 9不支持的但是用户希望未来网站能够支持的功能。这个其实不是一个动作，而是一个描述。如用户希望不告诉开发者，在单击某个按钮时就播放一个声音，即可选择"其他"动作，在配置动作中说明要播放的声音。

◀)) 触发事件
....
可以在更多情况下，为一个元件同时添加多个交互事件。

8.5 函数

Axure RP 9中的函数是一种特殊的变量，可以通过调用获得一些特定的值。函数的使用范围很广泛，能够让原型制作变得更迅速、更灵活、更逼真。在Axure RP 9中只有表达式能够使用函数。

8.5.1 了解函数

在"交互编辑器"对话框中添加"设置变量值"动作后，选择"OnLoadVariable"复选框，单击值选项下文本框右侧的" f_x "按钮，如图8-82所示。在弹出的"编辑文本"对话框中单击"插入变量或函数"链接，即可看到Axure RP 9自带的函数，如图8-83所示。

图8-82 "交互编辑器"对话框　　　　　　　　图8-83 插入变量或函数

在该面板中除了"全局变量"和"布尔"类型，还包含中继器/数据集、元件、页面、窗口、鼠标指针、数字、字符串、数学和日期9种类型的函数。

函数使用的格式是：对象.函数名（参数1，参数2……）。

8.5.2 应用案例——使用时间函数

源文件：资源包\源文件\第8章\8-5-2.rp
素　材：无
技术要点：掌握【时间函数】的使用方法

扫描查看演示视频

STEP 01 新建一个文件，使用"文本框"元件、"文本标签"元件和"主要按钮"元件制作页面效果，从左到右依次将文本框元件命名为"shi""fen""miao"，如图8-84所示。

STEP 02 选择"按钮"元件，单击"交互"面板中的"新建交互"按钮，添加"单击时"事件后再添加"设置文本"动作，选择"shi"复选框，单击"值"选项下文本框右侧的" f_x "按钮，如图8-85所示。

图8-84 制作页面效果并指定元件名称　　图8-85 "交互"面板

STEP 03 在弹出的"编辑文本"对话框中单击"插入变量或函数"链接，选择"日期"选项下的"getHours()"选项，单击"确定"按钮，获取小时函数。

STEP 04 单击"设置文本"右侧的"添加目标"按钮，分别为其他两个文本框添加函数，如图8-86所示。单击"预览"按钮，预览效果如图8-87所示

图8-86 添加函数　　　　　　　图8-87 预览效果

8.5.3 中继器/数据集

单击"编辑文本"对话框中的"插入变量或函数"链接，在"中继器/数据集"选项下可以看到6个中继器/数据集函数，函数说明如表8-1所示。

表8-1 中继器/数据集函数

函数名称	说明
Repeater	获得当前项的父中继器
visibleItemCount	返回当前页面中所有可见项的数量
itemCount	当前过滤器中项的数量
dataCount	当前过滤器中所有项的个数
pageCount	中继器对象中页的数量
pageindex	中继器对象当前的页数

8.5.4 元件函数

单击"编辑文本"对话框中的"插入变量或函数"链接，在"元件"选项下可以看到16个元件函数，函数说明如表8-2所示。

表8-2 元件函数

函数名称	说明
This	获取当前元件对象，当前元件是指添加事件的元件
Target	获取目标元件对象，目标元件是指添加动作的元件
x	获得元件对象的X坐标
y	获得元件对象的Y坐标
width	获得元件对象的宽度
height	获得元件对象的高度
scrollX	获取元件对象水平移动的距离
scrollY	获取元件对象垂直移动的距离
text	获取元件对象的文字
name	获取元件对象的名称
top	获取元件对象顶部边界的坐标值
left	获取元件对象左边界的坐标值
right	获取元件对象右边界的坐标值
bottom	获取元件对象底部边界的坐标值
opacity	获取元件对象的不透明度
rotation	获取元件对象的旋转角度

8.5.5 应用案例——设计制作宝贝详情页1

源文件：无
素　材：资源包\素材\第8章\85501.jpg~85502.jpg
技术要点：掌握【制作宝贝详情页】的方法

扫描查看演示视频　扫描下载素材

STEP 01 新建一个文件，将"图片"元件拖曳到页面中并插入图片，将其命名为"bigpic"，复制图片并调整其位置和大小，继续使用相同的方法导入另一个图片，并分别将它们命名为"pic 1"和"pic 2"，如图8-88所示。

STEP 02 使用"矩形"元件创建一个如图8-89所示的矩形，将其命名为"kuang"。

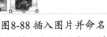
图8-88 插入图片并命名

图8-89 创建矩形并命名

STEP 03 选择"pic 1"元件，打开"交互编辑器"对话框，为其添加"鼠标移入时"事件，再添加"设置图片"动作，选择"bigpic"元件，如图8-90所示。

STEP 04 单击"设置默认图片"选项下的"选择"按钮，在弹出的"打开"对话框中选择需要导入的素材图片，选择完成后单击"打开"按钮，如图8-91所示。

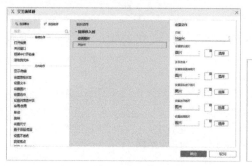

图8-90 "交互编辑器"对话框

图8-91 选择图片

8.5.6 应用案例——设计制作宝贝详情页2

源文件：资源包\源文件\第8章\8-5-6.rp
素　材：无
技术要点：掌握【元件函数】的使用方法

扫描查看演示视频

STEP 01 接上一个案例，添加"移动"动作，设置"目标"为"kuang"，设置"移动"为"到达"，如图8-92所示。

STEP 02 在"x"文本框中添加"x"元件函数，在"y"文本框中添加"y"元件函数，为了保证边框与图片对齐，将其移动3个单位，最终的函数参数如图8-93所示。

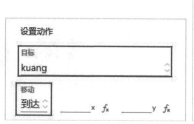

图8-92 设置移动选项

图8-93 选择函数

STEP 03 使用相同的方法为"pic2"元件添加交互，"交互编辑器"中的动作参数如图8-94所示，单击"确定"按钮。

STEP 04 单击工具栏中的"预览"按钮，在打开的浏览器中预览制作完成后的交互效果，如图8-95所示。

图8-94 设置动作

图8-95 预览效果

8.5.7 页面函数

单击"编辑文本"对话框中的"插入变量或函数"链接，在"页面"选项下可以看到一个页面函数，函数说明如表8-3所示。

表8-3 页面函数

函数名称	说明
PageName	获取当前页面的名称

8.5.8　窗口函数

单击"编辑文本"对话框中的"插入变量或函数"选项，在"窗口"选项下可以看到4个窗口函数，函数说明如表8-4所示。

表8-4 窗口函数

函数名称	说明
Window.width	获取浏览器的当前宽度
Window.height	获取浏览器的当前高度
Window.scrollX	获取浏览器的水平滚动距离
Window.scrollY	获取浏览器的垂直滚动距离

8.5.9　鼠标指针函数

单击"编辑文本"对话框中的"插入变量或函数"链接，在"鼠标指针"选项下可以看到7个鼠标指针函数，函数说明如表8-5所示。

表8-5 鼠标指针函数

函数名称	说明
Cursor.x	获取鼠标光标当前位置的X轴坐标
Cursor.y	获取鼠标光标当前位置的Y轴坐标
DragX	整个拖动过程中，鼠标光标在水平方向上移动的距离
DragY	整个拖动过程中，鼠标光标在垂直方向上移动的距离
TotalDragX	整个拖动过程中，鼠标光标沿X轴水平移动的总距离
TotalDragY	整个拖动过程中，鼠标光标沿Y轴垂直移动的总距离
DragTime	鼠标拖曳操作的总时长，从按下鼠标左键到释放鼠标的总时长。中间过程中如果未移动鼠标位置，也计算时长

8.5.10　应用案例——制作产品局部放大草图

源文件：无
素　材：资源包\素材\第8章\85101.jpg~85102.jpg
技术要点：掌握【产品局部放大草图】的绘制方法

扫描查看演示视频　　扫描下载素材

STEP 01 新建一个文件，使用"图片"元件插入图片并调整图片大小为400px×400px，将其命名为"pic"，将"动态面板"元件拖曳到页面中，将其命名为"mask"。双击编辑"State 1"，为其填充"素材\第 8 章\85102.jpg"图片，如图 8-96 所示。

STEP 02 将其设置为隐藏。返回"page 1"页面，再次拖入一个"动态面板"元件，将其命名为"zoombig"，如图 8-97 所示。

 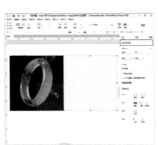

图8-96 使用"图片"元件　　　　图8-97 设置填充图片

STEP 03 双击编辑"State 1"，导入一张图片，并将其命名为"bigpic"，单击"关闭"按钮，返回"page 1"页面，单击工具栏中的"隐藏"按钮，将"zoombig"元件隐藏，如图8-98所示。

STEP 04 使用"热区"元件创建一个与图片大小一致的热区，并将其命名为"requ"，如图8-99所示。

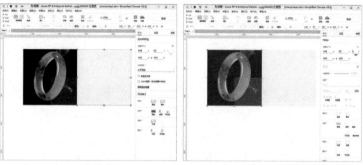

图8-98 使用"动态面板"元件　　　　　　　　　图8-99 为元件设置名称

8.5.11 应用案例——为产品局部放大原型添加交互1

源文件：无

素　材：无

技术要点：掌握【指针函数】的使用方法

扫描查看演示视频

STEP 01 接上一个案例，选中热区元件，为其添加"鼠标移入时"事件后，再添加"显示/隐藏"动作，设置参数如图8-100所示。

STEP 02 添加"鼠标移出时"事件，再添加"显示/隐藏"动作，设置参数。添加"鼠标移动时"事件，选中"移动"动作，选择"mask"动态面板，设置"边界"选项的各项参数，如图8-101所示。

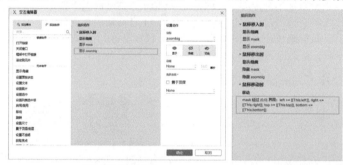

图8-100 设置参数　　　　　　　　　　　图8-101 设置边界

STEP 03 设置"移动"动作的"移动"选项为"到达"，单击"x"文本框后的"f_x"图标，设置指针函数，如图8-102所示。

STEP 04 采用同样的方法，设置"y"文本框的值为如图8-103所示的指针函数。

图8-102 设置指针函数　　　　　　　　　图8-103 设置指针函数

8.5.12 应用案例——为产品局部放大原型添加交互2

源文件：资源包\源文件\第8章\8-5-12.rp
素　材：资源包\素材\第8章\8-5-12.rp
技术要点：掌握【指针函数】的使用方法

扫描查看演示视频　扫描下载素材

STEP 01 接上一个案例，单击"添加目标"按钮，选择"bigpic"元件，设置"移动"选项为"到达"，单击"x"文本框后的 **f_x** 图标，单击"添加局部变量"链接，新建一个局部变量，如图 8-104 所示。

STEP 02 输入如图 8-105 所示的表达式，用来控制大图的显示。

图8-104 添加局部变量　　　　　　　　　　　图8-105 输入表达式

STEP 03 使用相同的方法设置"y"的值，如图 8-106 所示。

STEP 04 单击"确定"按钮，返回"page 1"页面，单击"预览"按钮，预览效果如图 8-107 所示。

图8-106 设置动作　　　　　　　　　　　　图8-107 预览效果

8.5.13 数字函数

单击"编辑文本"对话框中的"插入变量或函数"链接，在"数字"选项下可以看到3个数字函数，函数说明如表8-6所示。

表8-6 数字函数

函数名称	说明
toExponential(decimalPoints)	将对象的值转换为指数计数法。"decimalPoints"为小数点后保留的小数位数
toFixed(decimalPoints)	将一个数字转换为保留指定小数位数的数字，超出的后面小数位将自动进行四舍五入。"decimalPoints"为小数点后保留的小数位数
toPrecision(length)	将数字格式化为指定的长度，小数点不计算长度，"length"为指定的长度

189

8.5.14 字符串函数

单击"编辑文本"对话框中的"插入变量或函数"链接，在"字符串"选项下可以看到15个字符串函数，函数说明如表8-7所示。

表8-7 字符串函数

函数名称	说明
length	获取当前文本对象的长度，即字符长度，1个汉字的长度按1计算
charAt(index)	获取当前文本对象指定位置的字符，"index"为大于等于0的整数，字符位置从0开始计数，0为第一位
charCodeAt(index)	获取当前文本对象中指定位置字符的Unicode编码（中文编码段为19968~40622）；字符起始位置从0开始。"index"为大于等于0的整数
concat('string')	将当前文本对象与另外一个字符串组合，"string"为组合后显示在后方的字符串
indexOf('searchValue')	从左至右查询字符串在当前文本对象中首次出现的位置。若未查询到，则返回值为"－1"。参数"searchValue"为查询的字符串；"start"为查询的起始位置，官方虽未明说，但经测试是可用的。官方默认没有start，则是从文本的最左侧开始查询
lastIndexOf('searchValue')	从右至左查询字符串在当前文本对象中首次出现的位置。若未查询到，则返回值为"－1"。参数"searchValue"为查询的字符串；"start"为查询的起始位置，官方虽未明说，但经测试是可用的。官方默认没有"start"，则是从文本的最右侧开始查询
replace('searchvalue','newvalue')	用新的字符串替换文本对象中指定的字符串。参数"newvalue"为新的字符串，"searchvalue"为被替换的字符串
slice(str,end)	从当前文本对象中截取从指定位置开始到指定位置结束之间的字符串。参数"start"为截取部分的起始位置，该数值可为负数。负数代表从文本对象的尾部开始，"－1"表示末位。"－2"表示倒数第二位。"end"为截取部分的结束位置，可省略，省略则表示从截取开始位置至文本对象的末位。这里提取的字符串不包含结束位置
split('separator',limit)	将当前文本对象中与分隔字符相同的字符转为"，"，形成多组字符串，并返回从左开始的指定组数。参数separator为分隔字符，分隔字符可以为空，为空时将分隔每个字符为一组；limit为返回组数的数值，该参数可以省略，省略该参数则返回所有字符串组
substr(start,length)	在当前文本对象中从指定起始位置截取一定长度的字符串。参数"start"为截取的起始位置，"length"为截取的长度，该参数可以省略，省略则表示从起始位置一直截取到文本对象末尾
substring(from,to)	从当前文本对象中截取从指定位置开始到另一指定位置区间的字符串。参数"from"为指定区间的起始位置，"to"为指定区间的结束位置，该参数可以省略，省略则表示从起始位置截取到文本对象的末尾。这里提取的字符串不包含末位
toLowerCase()	将文本对象中所有的大写字母转换为小写字母

（续）

函数名称	说明
toUpperCase()	将文本对象中所有的小写字母转换为大写字母
trim	删除文本对象两端的空格
toString()	将一个逻辑值转换为字符串

8.5.15 数学函数

单击"编辑文本"对话框中的"插入变量或函数"链接，在"数学"选项下可以看到22个数学函数，函数说明如表8-8所示。

表8-8 数学函数

函数名称	说明
+	加，返回前后两个数的和
—	减，返回前后两个数的差
*	乘，返回前后两个数的乘积
/	除，返回前后两个数的商
%	余，返回前后两个数的余数
abs(x)	计算参数值的绝对值，参数"x"为数值
acos(x)	获取一个数值的反余弦值，其范围是0~pi。参数"x"为数值，范围为—1~1
asin(x)	获取一个数值的反正弦值，参数"x"为数值，范围为—1~1
atan(x)	获取一个数值的反正切值，参数"x"为数值
atan2(y,x)	返回从X轴到(X,Y)的角度。返回—PI~PI之间的值，是从X轴正向逆时针旋转到点(x,y)经过的角度
ceil(x)	向上取整函数，获取大于或者等于指定数值的最小整数，参数"x"为数值
cos(x)	获取一个数值的余弦函数，返回—1.0~1.0之间的数，参数"x"为弧度数值
exp(x)	获取一个数值的指数函数，计算以"e"为底的指数，参数"x"为数值。返回"e"的"x"次幂。"e"代表自然对数的底数，其值近似为2.71828。如exp(1)，输出2.718281828459045
floor(x)	向下取整函数，获取小于或者等于指定数值的最大整数。参数"x"为数值
log(x)	对数函数，计算以"e"为底的对数值，参数"x"为数值
max(x,y)	获取参数中的最大值。参数"x,y"表示多个数值，不一定为两个数值
min(x,y)	获取参数中的最小值。参数"x,y"表示多个数值，不一定为两个数值
pow(x,y)	幂函数，计算"x"的"y"次幂。参数"x"为底数，"x"为大于等于0的数字；"y"为指数，"y"为整数，不能为小数
random()	随机数函数，返回一个0~1的随机数。示例获取10~15之间的随机小数，计算公式为Math.random()*5+10
sin(x)	正弦函数。参数"x"为弧度数值
sqrt(x)	平方根函数。参数"x"为数值
tan(x)	正切函数。参数"x"为弧度数值

8.5.16 应用案例——设计制作计算器效果

源文件：资源包\源文件\第8章\8-5-16.rp
素　材：资源包\素材\第8章\8-5-16.rp
技术要点：掌握【数学函数】的使用方法

扫描查看演示视频　　扫描下载素材

STEP 01 打开"素材\第8章\8-5-16.rp"文件，选中"计算差"元件，打开"交互编辑器"对话框，添加"单击时"事件和"设置变量值"动作，设置动作参数，如图8-108所示。

STEP 02 在"交互编辑器"对话框左侧的"添加动作"选项下单击"设置文本"动作，为动作添加数学函数，完成后的"交互"面板如图8-109所示。

图8-108 设置动作参数　　　　　图8-109 "交互"面板

STEP 03 先后选中"计算乘"和"计算除"元件，再分别为元件添加"单击时"事件、"设置变量值"动作和"设置文本"动作，设置参数如图8-110所示。

STEP 04 设置完成后，单击工具栏中的"预览"按钮，在打开的浏览器中输入数值，预览加法、减法、乘法和除法的计算效果，如图8-111所示。

图8-110 设置参数　　　　　图8-111 预览效果

8.5.17 日期函数

单击"编辑文本"对话框中的"插入变量或函数"链接，在"日期"选项下可以看到40个日期函数，函数说明如表8-9所示。

表8-9 日期函数

函数名称	说明
Now	返回计算机系统当前设定的日期和时间值
GenDate	获得生成Axure原型的日期和时间值
getDate()	返回Date对象属于哪一天的值，取值范围为1～31
getDay()	返回Date对象为一周中的哪一天，取值范围为0～6，周日的值为0
getDayOfWeek()	返回Date对象为一周中的哪一天，用该天的英文表示，如周六表示为"Saturday"

（续）

函数名称	说明
getFullYear()	获得日期对象的4位年份值，如2015
getHours()	获得日期对象的小时值，取值范围为0～23
getMilliseconds()	获得日期对象的毫秒值
getMinutes()	获得日期对象的分钟值，取值范围为0～59
getMonth()	获得日期对象的月份值
getMonthName()	获得日期对象的月份的名称，根据当前系统时间关联区域的不同，会显示不同的名称
getSeconds()	获得日期对象的秒值，取值范围为0～59
getTime()	获得1970年1月1日至今的毫秒数
getTimezoneOffset()	返回本地时间与格林尼治标准时间（GMT）的分钟值
getUTCDate()	根据世界标准时间，返回Date对象属于哪一天的值，取值范围为1～31
getUTCDay()	根据世界标准时间，返回Date对象为一周中的哪一天，取值范围为0～6，周日的值为0
getUTCFullYear()	根据世界标准时间，获得日期对象的4位年份值，如2015
getUTCHours()	根据世界标准时间，获得日期对象的小时值，取值范围为0～23
getUTCMilliseconds()	根据世界标准时间，获得日期对象的毫秒值
getUTCMinutes()	根据世界标准时间，获得日期对象的分钟值，取值范围为0～59
getUTCMonth()	根据世界标准时间，获得日期对象的月份值
getUTCSeconds()	根据世界标准时间，获得日期对象的秒值，取值范围为0～59
parse(datestring)	格式化日期，返回日期字符串相对1970年1月1日的毫秒数
toDateString()	将Date对象转换为字符串
toISOString()	返回iOS格式的日期
toJSON()	将日期对象进行JSON（JavaScript Object Notation）序列化
toLocaleDateString()	根据本地日期格式，将Date对象转换为日期字符串
toLocaleTimeString()	根据本地时间格式，将Date对象转换为时间字符串
toLocaleString()	根据本地日期、时间格式，将Date对象转换为日期、时间字符串
toTimeString()	将日期对象的时间部分转换为字符串
toUTCString()	根据世界标准时间，将Date对象转换为字符串
UTC(year,month,day,hour, minutes sec,millisec)	生成指定年、月、日、小时、分钟、秒和毫秒的世界标准时间对象，返回该时间相对1970年1月1日的毫秒数
valueOf()	返回Date对象的原始值
addYears(years)	将某个Date对象加上若干年份值，生成一个新的Date对象
addMonths(months)	将某个Date对象加上若干月值，生成一个新的Date对象
addDays(days)	将某个Date对象加上若干天数，生成一个新的Date对象
addHous(hours)	将某个Date对象加上若干小时数，生成一个新的Date对象
addMinutes(minutes)	将某个Date对象加上若干分钟数，生成一个新的Date对象
addSeconds(seconds)	将某个Date对象加上若干秒数，生成一个新的Date对象
addMilliseconds(ms)	将某个Date对象加上若干毫秒数，生成一个新的Date对象

8.5.18 应用案例——使用日期函数1

源文件：无

素　材：无

技术要点：掌握【日期函数】的使用方法

扫描查看演示视频

STEP 01 新建一个文件，将"二级标题"元件拖曳到页面中，修改文本内容。分别将两个元件命名为"日期"和"时间"，如图 8-112 所示。

STEP 02 拖动选中两个元件，单击鼠标右键，在弹出的快捷菜单中选择"转换为动态面板"命令，将动态面板命名为"动态时间"，如图 8-113 所示。

图8-112 使用元件并指定元件名称　　　图8-113 指定元件名称

STEP 03 在"概要"面板中的"State 1"项目上单击鼠标右键，在弹出的快捷菜单中选择"重复状态"命令，复制效果如图 8-114 所示。

STEP 04 在页面空白处单击，添加"页面载入时"事件，再添加"动态面板"动作，设置"状态"为"下一项"，选择"向后循环"复选框，将"循环间隔"设置为1000 毫秒，如图 8-115 所示，单击"确定"按钮。

图8-114 "概要"面板　　　图8-115 设置动作

8.5.19 应用案例——使用日期函数2

源文件：资源包\源文件\第8章\8-5-19.rp

素　材：无

技术要点：掌握【日期函数】的使用方法

扫描查看演示视频

STEP 01 选中"动态时间"元件，为其添加"状态改变时"事件，再添加"设置文本"动作，将"时间"元件设置为"目标"，单击"值"文本框后面的"f_x"按钮，在弹出的"编辑文本"对话框中插入如图 8-116 所示的表达式，单击"确定"按钮。

STEP 02 单击"确定"按钮，在"交互编辑器"对话框中单击"添加目标"按钮，选择目标为"日期"元件，设置动作的值为如图 8-117 所示的表达式。

图8-116 插入表达式　　　　　　图8-117 设置"日期"元件动作

提示

concat() 这个函数是在字符串后面附加字符串，主要是在月、日、时、分、秒之前加上 0。substr() 这个函数是从字符串的指定位置开始，截去固定长度的字符串，起始位置从 0 开始；length 的主要功能是取得目标字符串的长度。

STEP 03 继续使用相同的方法再次添加目标并设置动作参数，此时的"交互编辑器"对话框如图 8-118 所示。

STEP 04 单击"确定"按钮，单击工具栏中的"预览"按钮，实时的日期与时间交互效果如图 8-119 所示。

图8-118 "交互编辑器"对话框　　　　　图8-119 页面预览效果

提示

日期的获取和连接并不困难，这里的难点在于如何将 1 位文字转换为 2 位文字，上一步提到的函数是关键。以秒为例，先在获取到的秒前面加 0，如 010、05。最后要保留的是两位数，其实就是最后两位数，但是 Axure 中没有 Right() 函数，所以只能迂回取得。获取添加 0 后的长度；用长度减去 2，作为截取字符串的起始位置；截取的长度为 2。如 010，从字符串下标为 1 的位置开始，取两位，结果为 10；05，从字符串下标为 0 的位置开始，取两位，结果为 05。这就是需要的效果。

8.6 答疑解惑

变量和函数是Axure RP 9交互设计制作的难点和重点。大家在学习时要遵循循序渐进、从小到大、从易到难的方法。

8.6.1 尽量使用简洁的交互效果

很多用户在使用Axure RP 9制作原型时，会为每一页都添加交互动作。这样做除了增加制作的复杂度，还会增加原型的体积。所以一位成熟的设计师应该清楚地知道，什么时候需要添加交互，什么时候只需要静态图像就可以了。

◀)) 没有交互，可以正确表达设计吗？

如果设计师提交的只是静态图片，其设计通常会被错误理解，通过添加交互动画可以很好地解决这些问题。

◀)) 添加了交互设计的页面，会比静态页面更易于理解吗？

通过为静态页面添加交互设计，可以使用户更好地理解页面间的层级关系，熟悉原型的整体结构和交互效果。

8.6.2 什么情况下会使用全局变量？

全局变量最常用作赋值的载体、参数的载体和条件判断的载体。

◀)) 做赋值的载体

全局变量支持多达8种赋值方法，其中有5种是获取组件值的，因此可以将其作为组件间值传递的媒介，发挥中间人的作用。如要将一个文本块（text panel）组件的值传给另一个文本块组件，直接传递是不能实现的，需要用到全局变量的"设置文本"赋值方法，先将其中一个文本块的值赋给变量，再将变量的值赋给另一个文本块。当需要实现组件和组件之间值的传递时，也可以使用全局变量来做中间人。

◀)) 做参数的载体

全局变量支持直接赋值，也支持获取别的全局变量的值，利用这一特性让变量作为参数来实现某些功能。如同一个按钮要实现跳转到不同页面时，就需要两个变量来配合实现，一个变量充当参数，记录在原型演示过程中产生的值的变化，另一个变量来获取这个值，从而决定归属。

◀)) 做条件判断的载体

全局变量的赋值方式有很多，当获取到值并直接使用时，就是用来做条件判断了，上述两种方法都是获取到值之后的间接使用。如常见的根据输入密码的长度来判断密码复杂度的功能，就是用变量获取到组件值的长度，然后根据这个长度来直接进行判断。

8.7 总结扩展

掌握一些高级的交互制作方法，有利于完成高端产品模型的制作。但切记不要只为追求特效，而忽略了产品本身。

8.7.1 本章小结

通过本章的学习，读者应该掌握变量和函数的基本使用方法，要在充分理解函数的前提下完成案例的制作，同时要了解每一种函数的功能，循序渐进地学习。读者还要对中继器动作和其他动作的使用有所了解，并能够应用到实际的原型设计中。

8.7.2 扩展练习——设计制作商品购买页面

源文件：资源包\源文件\第8章\8-7-2.rp
素　材：无
技术要点：掌握【制作商品购买页面交互效果】的方法

扫描查看演示视频

在掌握了Axure RP 9中函数的使用方法后，用户应多加练习以加深对相关知识点的理解。接下来通过设计制作商品购买页面的交互效果，进一步理解函数和表达式的使用。图8-120所示为商品购买页面的交互预览效果。

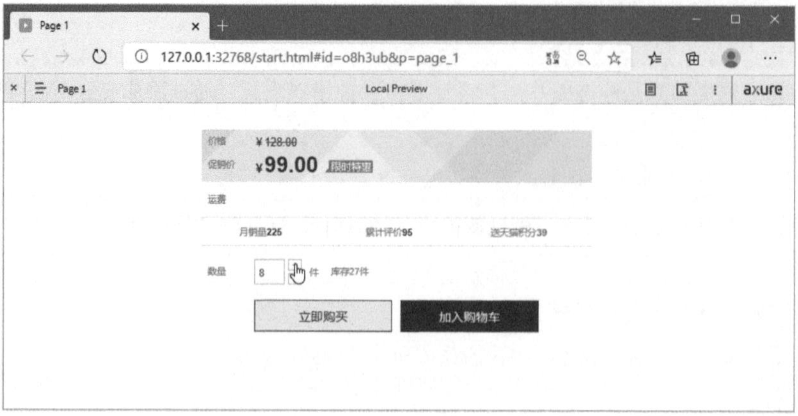

图8-120 预览效果

Point

第9章 团队合作

Axure RP 9允许多人参与同一个项目的开发，团队中的每个人都会分到一个或多个项目模块，每个模块都有联系。团队项目时间短、预算有限，每个人都在自己的模块中工作，可能会导致整个项目不能同步，合作存在很大的挑战，这是项目文档本身的特点。本章将介绍Axure RP 9中项目合作的功能及方法，并对如何保持原型同步进行讲解。

9.1 使用团队项目

一个大的项目通常不是由一个人完成的，需要几个甚至几十个人共同来完成。创建团队项目可以使团队中的所有用户及时共享最新信息，全程参与到项目的研发制作中。

9.2 创建团队项目

执行"文件>新建"命令，新建一个文件。执行"团队>从当前文件创建团队项目"命令，如图9-1所示，即可开始创建团队项目。

图9-1 选择"从当前文件创建团队项目"命令

用户也可以执行"文件>新建团队项目"命令，如图9-2所示。在弹出的"创建团队项目"对话框中创建项目，如图9-3所示。

图9-2 选择"新建团队项目"命令　图9-3 "创建团队项目"对话框

Learning Objectives
学习重点

197 页
创建团队项目

199 页
项目文件图标

200 页
加入团队项目

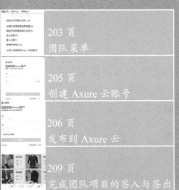

203 页
团队菜单

205 页
创建 Axure 云账号

206 页
发布到 Axure 云

209 页
完成团队项目的签入与签出

用户可以在"团队项目名称"文本框中输入团队项目名称，以便团队人员查找和参与团队项目，如图9-4所示。第一次创建团队项目时需要新建工作空间，用来保存项目文件，用户可以在"新建工作空间"文本框中输入空间名称，如图9-5所示。

图9-4 设置团队项目名称　　图9-5 输入空间名称

在给团队项目命名时，要保持简短的项目名称，在名称中如果包含多个独立的单词，要使用连字符或者首字母大写，不要出现空格，因为项目名称会在URL中使用，所以要避免空格。

用户如果已经创建过工作空间，可以单击"选择已存在的工作空间"链接，在Axure云中选择即可。

单击"创建团队项目"按钮，Axure RP 9开始创建团队项目，如图9-6所示。稍等片刻即可完成团队项目的创建，"团队项目创建成功"对话框如图9-7所示。

图9-6 创建团队项目　　图9-7 完成团队项目创建

单击"保存团队项目文件"按钮，弹出"另存为"对话框，用户可以在其中为团队项目文件指定保存地址和名称，如图9-8所示。

图9-8 "另存为"对话框

完成后单击"保存"按钮，即可将项目文件保存到本地，单击"打开团队项目文件"按钮，即可打开当前项目文件，如图9-9所示。文件图标如图9-10所示。

图9-9 将项目文件保存到本地　　图9-10 项目文件图标

9.3 打开团队项目

执行"文件>获取并打开团队项目"命令或者执行"团队>获取并打开团队项目"命令，如图9-11所示。弹出"获取团队项目"对话框，如图9-12所示。

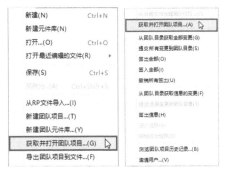

图9-11 打开团队项目　　　　　图9-12 "获取团队项目"对话框

单击"选择团队项目"文本框右侧的"⋯"按钮，用户可以在打开的面板中选择想要打开的项目，如图9-13所示。选择完成后，单击"获取团队项目"按钮，如图9-14所示。"获取团队项目"对话框出现等待图示，如图9-15所示，即可打开团队项目。

图9-13 选择项目　　　　图9-14 单击"获取团队项目"按钮　　图9-15 等待图示

单击"保存团队项目文件"按钮，如图9-16所示。用户可在弹出的"另存为"对话框中设置本地地址和名称，完成后单击"保存"按钮，即可将团队项目文件保存在本地。

保存完成后，在"获取团队项目"对话框中单击"打开团队项目文件"按钮，即可将项目文件打开。打开后的项目页面将显示在"页面"面板中，如图9-17所示。

图9-16 保存团队项目   图9-17 打开团队项目文件

9.4 加入团队项目

用户可以在"创建团队项目"对话框或"获取团队项目"对话框中使用"邀请用户"和"创建URL公布"两种方式邀请团队人员加入项目，如图9-18所示。

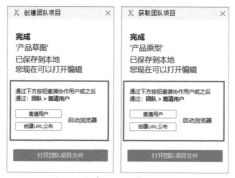

图9-18 邀请团队人员加入项目

◀)) 邀请用户

单击"邀请用户"按钮，即可打开Axure Cloud（Axure 云）页面，如图9-19所示。在"ENTER EMAIL ADDRESSES"（输入邮箱地址）文本框中输入一个或多个邮箱地址，在"OPTIONAL MESSAGE"（邀请信息）文本框中输入邀请信息。输入完成后单击"Invite"（邀请）按钮，即可将邀请信息发送到用户邮箱中，如图9-20所示。

图9-19 打开Axure Cloud页面   图9-20 输入邮箱和邀请信息

◀)) 创建URL公布

单击"创建URL公布"按钮，也将打开Axure Cloud（Axure 云）页面，将鼠标光标移动到项目文件上，单击"PREVIEW"（预览）按钮，如图9-21所示，即可预览当前页面；单击"INSPECT"
（查看）按钮，如图9-22所示，即可检查当前页面。

图9-21 预览页面　　　　　　　　　　　　图9-22 检查页面

　　单击页面右侧的"Share Project"（分享项目）按钮，用户可以在弹出的"ENTER EMAIL
ADDRESSES"（输入邮箱地址）对话框中填写邮箱和邀请信息，然后单击"Invite"（邀请）按钮，
即可将邀请信息发送到用户邮箱中，如图9-23所示。

图9-23 分享项目

9.5　编辑团队项目

　　在打开的团队项目文件中，在"页面"面板中单击页面文件右侧的蓝色图标，打开如图9-24所示
的下拉列表框。用户可以选择"签出"选项将页面签出，签出页面右侧的图标将变为绿色，如图9-25
所示。

图9-24 下拉列表框　　　　　　图9-25 签出页面

　　页面编辑完成后，单击页面右侧的绿色图标，在打开的下拉列表框中选择"签入"选项，将页
面签入，如图9-26所示。选择"签入"选项后将弹出签入"进度"对话框，如图9-27所示。

图9-26 下拉列表框　　　　　　　　图9-27 "进度"对话框

 团队合作的重点是团队项目中的"签入"和"签出"，只有将制作完的内容全部签入后才能被团队中的其他成员看到。

签入过程中将弹出"签入"对话框，如图9-28所示。用户可以在其中查看签入的项目并输入"签入说明"，如图9-29所示。

图9-28 "签入"对话框　　　　图9-29 输入"签入说明"

单击"确定"按钮，继续签入操作。签入完成后，页面文件右侧的图标将重新变为蓝色图标，如图9-30所示。团队的其他成员可以在下拉列表框中选择"Get Changes"（获得改变）选项，将当前页面更新为最新版本，如图9-31所示。

图9-30 完成签入　　　　　　图9-31 更新页面

用户也可以通过执行"团队"菜单下的命令完成对团队项目的各种操作，如图9-32所示。如执行"团队>浏览团队项目历史记录"命令，用户可以在网页中查看当前项目的所有操作记录，如图9-33所示。

图9-32 "团队"菜单　　　　　　图9-33 浏览团队项目历史记录

9.6 团队菜单

在创建或者获取团队项目后，用户将会经常用到菜单栏中的"团队"菜单，单击"团队"菜单，打开如图9-34所示的下拉菜单。

图9-34 "团队"菜单

◀)) **从当前文件创建团队项目**

如果想在当前打开的项目文件中创建团队项目，则可以执行该命令。只有在当前RP文件打开时此命令才可用。

◀)) **获取并打开团队项目**

执行该命令可以基于一个已有的团队项目文件创建一个本地团队项目副本。

◀)) **从团队目录获取全部变更**

开始团队项目工作之前，首先要养成获取全部更新的习惯，使团队项目文件保持最新版本。可能每天都要重复更新多次，这是完成团队项目文件的必要工作之一。

执行该命令后，弹出"进度"对话框，如图9-35所示。该对话框中的进度条全部完成后，即可获取团队目录的全部变更。

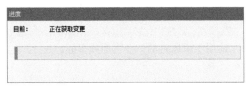

图9-35 "进度"对话框

◀)) 提交所有变更到团队目录

该命令类似保存操作，执行该命令后，Axure RP 9会使用保存命令，将所有的修改保存到本地项目中。

对团队项目文件进行编辑后，执行"团队>提交所有变更到团队目录"命令，弹出"进度"对话框，如图9-36所示。在提交的进度过程中，将弹出"提交变更"对话框，用户可在其中查看变更的项目并输入变更说明，如图9-37所示。

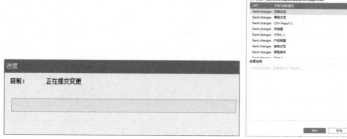

图9-36 "进度"对话框　　　　　　　图9-37 "提交变更"对话框

◀)) 签出全部

执行该命令，可将团队项目文件中的所有元素全部签出。签出整个项目的全部元素是一种不明智的操作，因此，执行该命令后，Axure RP 9会弹出如图9-38所示的"警告"对话框，让用户拥有一次取消签出的选择，对话框中的提示内容让用户确认是否继续执行当前操作。

图9-38 "警告"对话框

 提示　　选择"签出全部"命令后，正在编辑的文件将处于签出状态。发送所有修改到共享项目位置后，将无法撤销签出操作。

◀)) 签入全部

将签出的元素全部签入。

◀)) 撤销所有签出

撤销不想要的项目工作，将受影响的内容恢复到签出前的状态。

◀)) 从团队目录获取Page1的变更

从共享目录中获取修改，适用于所选定的一个页面或母版。

◀)) 提交Page1变更到团队目录

发送修改到共享目录中，适用于所选定的一个页面或母版。

◀)) 签出Page1

此命令适用于用户单独选定的一个页面或母版。

◄)) 签入Page1

此命令适用于用户单独选定的一个页面或母版。

◄)) 撤销签出Page1

此命令适用于用户单独选定的一个页面或母版。

◄)) 浏览团队项目历史记录

执行该命令，用户可在打开的浏览器中链接到Axure Cloud页面，在该页面中可对团队项目的所有历史版本进行浏览、查找或下载等操作。

此命令可以降低用户丢失团队项目历史版本的风险，只要共享项目所在的账号信息是安全可靠的，就可以将当前团队项目文件恢复到任意历史版本。

◄)) 邀请用户

选择该命令，可以在浏览器中打开Axure Cloud页面。用户可以通过在页面中输入想要邀请的用户邮箱地址和邀请信息，向邀请用户发送邮件，最终达到邀请用户的目的。

9.7 Axure 云

Axure云是用于存放HTML原型的Axure云主机服务。Axure云目前托管在Amazon网络服务平台，是一个非常可靠和安全的云环境。用户可以登录Axure官方网站登录查看。

9.7.1 创建Axure云账号

从2014年5月开始，Axure云已经全部免费。每个账号允许创建100个项目，每个项目的大小限制为100MB。

在使用Axure云之前，首先需要注册一个账号，执行"账户>Sign in to your Axure account（登录您的Axure账户）"命令，如图9-39所示。弹出"登录"对话框，如图9-40所示。

图9-39 执行命令　　　　　图9-40 "登录"对话框

 提示　如果用户已经注册了 Axure 账户，可以在"登录"对话框中输入账户名称和密码，然后单击"登录"按钮登录账户。

单击"登录"对话框右下角的"注册"按钮，弹出"注册"对话框，如图9-41所示。输入注册邮箱和密码后，选择"我同意Axure条款"复选框，单击"创建账户"按钮，即可完成Axure账户的注册。

创建账户后，将会自动在Axure RP 9中登录账户，用户名称显示在软件界面的右上角。用户可以通过单击软件界面右上角的向下箭头查看和管理账户，如图9-42所示。

图9-41 "注册"对话框　　　　　　　图9-42 登录账户

9.7.2 发布到Axure云

用户可以将原型托管在Axure云上并分享给利益相关者。使用HTML原型的讨论功能可以让利益相关者与设计团队进行离线讨论。

单击Axure RP 9工具栏中的"共享"按钮，如图9-43所示。弹出"发布项目"对话框，单击对话框顶部的"发布到Axure云"选项，打开如图9-44所示的下拉列表框。

图9-43 单击"共享"按钮　　图9-44 "发布项目"对话框

提示　执行"发布>发布到Axure云"命令，也可以弹出"发布项目"对话框，完成将项目发布到Axure云的操作。

◀)) 发布到Axure云

如果当前文件的扩展名为".rp"，选择"发布到Axure云"选项，界面如图9-45所示。

用户输入"项目名称"和"共享链接的密码"后，单击"发布"按钮，稍等片刻，即可将当前项目发送到Axure云中，如图9-46所示。

发送过程中，Axure RP 9工作区域右下角将弹出生成面板，单击面板中"共享链接"下方的地址，可直接使用默认浏览器打开Axure Cloud页面；在面板中单击"复制链接"按钮可复制链接，打开任意浏览器，将复制的内容粘贴到地址栏中，也可打开Axure Cloud页面。

在如图9-47所示的文本框中输入共享链接密码后，单击"View Project"按钮，即可打开共享的项目。

图9-45 "发布项目"对话框　　　　图9-46 发送项目　　　　　　　图9-47 打开Axure云

如果当前文件的扩展名为".rpteam"，选择"发布到Axure云"选项后，"发布项目"对话框下方的按钮共包含3个选项，如图9-48所示。

在"发布项目"对话框中直接单击"Enable Link"按钮，如图9-49所示，即可启用现有链接，在浏览器中打开Axure Cloud页面。用户可在该页面中预览或检查团队项目中的所有原型，如图9-50所示。

图9-48 3个选项　　　图9-49单击" Enable Link "按钮　　　图9-50 预览或检查团队项目中的所有原型

单击"发布项目"对话框中的"Publish to a New 链接"按钮，将弹出如图9-51所示的"发布项目"对话框，根据前面讲解的知识点，完成发布项目的操作；单击"发布项目"对话框中的"Replace an Existing 链接"按钮，将弹出如图9-52所示的"发布项目"对话框，选择一个链接替换现有链接后，单击"Replace Project"按钮，即可完成替换链接的发布项目操作。

图9-51 "发布项目"对话框 图9-52 "发布项目"对话框

🔊)) 发布到本地

在"发布项目"对话框中选择"发布到本地"选项，为项目制定本地目录后，单击"发布到本地"按钮，即可将项目文件发布到本地设备的指定位置，如图9-53所示。

图9-53 发布到本地

🔊)) 管理服务器

在"发布项目"对话框中选择"管理服务器"选项，弹出"管理Axure云服务器"对话框，用户可以在其中完成账户的添加、编辑、创建默认配置、退出和移除等操作，如图9-54所示。

单击"发布项目"对话框右上角的"⚙"图标，展开项目输出设置选项，如图9-55所示。用户可以分别针对项目的页面、说明、交互和字体等进行配置。

图9-54 "管理Axure云服务器"对话框   图9-55 输出设置

9.8 答疑解惑

通过学习本章内容，读者应该掌握Axure RP 9团队合作的方法和技巧，同时掌握Adobe Cloud的使用方法和管理方式。

9.8.1 团队协作和使用版本管理工具的作用

一般情况下，一个大型产品原型项目是由一个团队进行负责的。越大型的项目，参与人员越多，这种情况下，团队中的所有成员必须同时维护一份项目文件。

保持项目文件的最新进展、及时更改并获取最新文件，是团队协作中每一个成员必须完成的工作。

随时取得历史版本不仅方便团队成员查看项目文件，还可以在团队成员对项目文件进行误操作时进行提醒，避免造成灾难性的后果。

9.8.2 Axure RP 9共享项目的几种页面状态

Axure RP 9共享项目有4种状态。

● 蓝色菱形图标"◆"表示当前页面为"签入"状态。
● 绿色圆形图标"●"表示当前页面为"签出"状态。
● 黄色圆形图标"●"表示当前页面为"不安全签出"状态，一般会有两种情况出现。
　● 在无网络环境下强行签出。
　● 在已被其他人签出的情况下强行签出。
● 红色正方形图标"■"表示当前页面为冲突状态，代表有多方签出后都做了改变，并且一方已经签入到服务器。

9.9 总结扩展

当多人同时制作一个项目时，使用团队合作非常有必要。本章详细介绍了团队合作的要求和步骤。

9.9.1 本章小结

本章讲解了团队项目合作原型存储的公共位置，以及团队项目的制作、获取及发布的方法。团队合作的重点是团队项目中的签入和签出，只有将制作完的内容全部签入后才能被团队合作中的其他成员看到。

9.9.2 扩展练习——完成团队项目的签入与签出

源文件：资源包\源文件\第9章\9-9-2.rpteam
素　材：资源包\素材\第9章\9-9-2.rpteam
技术要点：掌握【团队项目的签入与签出】的方法

扫描查看演示视频　扫描下载素材

掌握了Axure RP 9中团队合作的使用方法和使用技巧后，用户应多加练习以加深对相关知识点的理解。接下来通过完成对团队项目的签入与签出案例制作，进一步理解团队合作的作用与便利，如图9-56所示。

图9-56 签入与签出案例

读书
笔记

本章将介绍Axure RP 9的发布与输出操作，以及调整预览时Axure RP 9默认打开界面的方法等内容。Axure RP 9中共提供了4种生成器，包括默认的HTML生成器、Word生成器、CSV生成器和新增的打印生成器。

10.1 预览原型

项目制作完成后，单击Axure RP 9工具栏中的"预览"按钮，如图10-1所示，或者按【Ctrl+.】组合键，即可在浏览器中查看原型效果。用户也可以通过执行"发布>预览"命令，实现在浏览器中查看原型效果，如图10-2所示。

图10-1 "预览"按钮

图10-2 选择"预览"命令

执行"发布>预览选项"命令，用户可以在弹出的"预览选项"对话框中设置打开项目的"浏览器"和"播放器"属性，如图10-3所示。

图10-3 "预览选项"对话框

◀)) 浏览器
....
● 默认浏览器：是指在用户计算机中设置的默认浏览器中打开项目文件。
● Edge：项目文件将在指定的Edge浏览器中打开。

Learning Objectives
学习重点

210 页
预览原型

211 页
播放器

211 页
预览选项

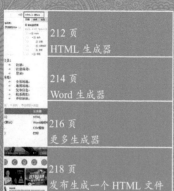

212 页
HTML 生成器

214 页
Word 生成器

216 页
更多生成器

218 页
发布生成一个 HTML 文件

提示 如果系统中安装了其他浏览器，Axure RP 9 将会自动识别并添加到"预览选项"对话框的"浏览器"列表框中供用户选择使用。

◀)) 播放器

- 默认：选择该单选按钮，浏览器将在页面顶部显示页面列表。
- 打开页面列表：选择该单选按钮，预览原型时将把页面列表显示在页面的左侧，如图10-4所示。
- 最小化：选择该单选按钮，预览原型将隐藏工具栏和页面列表，如图10-5所示。单击浏览器窗口左上角位置，即可显示工具栏和页面列表。

图10-4 左侧显示页面列表

图10-5 隐藏工具栏和页面列表

10.2 预览选项

不管是在预览项目文件时，还是生成项目时，读者都会看到如图10-6所示的预览效果。浏览器中的页面被分成两部分，左边是站点地图，右边是效果。读者可以对预览选项进行设置，只需执行"发布>预览选项"命令，在弹出的"预览选项"对话框中进行设置即可，如图10-7所示。

图10-6 预览效果

图10-7 "预览选项"对话框

10.3 生成器

在输出项目文件之前，首先要了解生成器的概念。所谓生成器，就是为用户提供的不同的生成标准。Axure RP 9中包含HTML生成器和Word生成器两种。用户可以在"发布"菜单中找到这两种生成器，如图10-8所示。

图10-8 "发布"菜单

10.3.1 HTML生成器

执行"发布>生成HTML文件"命令，如图10-9所示，弹出"发布项目"对话框，如图10-10所示。

图10-9 执行"生成HTML文件"命令

图10-10 "发布项目"对话框

在"发布项目"对话框中可以配置"HTML 1（默认）"生成器的选项，如图10-11所示。也可以单击"HTML 1（默认）"选项，在打开的下拉列表框中选择"新建配置"选项，创建多个不同的HTML生成器，如图10-12所示。

图10-11 默认HTML生成器

图10-12 新建配置

通过创建多个HTML生成器，可以在大型项目中将图形切分成多个部分输出，从而加快生成的速度。生成之后可以在Web浏览器中查看。

提示

通过创建多个 HTML 生成器，可以将大型项目中的页面切分成多个部分输出，从而加快生成的速度。

"发布项目"对话框中HTML生成器各项参数的解释如下。

◀)) 页面

用户可以在"页面"选项卡中选择发布的页面，默认情况下，将发布全部页面，如图10-13所示。取消选择"发布全部页面"复选框后，可以在下方的列表框中任意选择要发布的页面，如图10-14所示。

图10-13 发布全部页面　　　　　　　　　图10-14 选择要发布的页面

当项目文件中页面过多时，用户可以通过单击面板中提供的全选、不选、选中子项和取消选中子项4个按钮快速完成发布页面的选择，如图10-15所示。

图10-15 页面选择按钮

■)) 说明
....
用户可以在"说明"选项卡中选择发布文件中是否包含"元件说明"和"页面说明"，让HTML文档的页面说明具有结构化，如图10-16所示。

■)) 交互
....
用户可以在"交互"选项卡中对页面中的交互"情形动作"和"元件引用页面"进行设置，以确保能够获得更好的页面交互效果，如图10-17所示。

图10-16 "说明"选项卡　　　　　　　　　图10-17 "交互"选项卡

■)) 字体
....
Axure RP 9中的默认字体是Arial字体，用户可以通过在"字体"选项卡中添加字体和字体映射，获得更好的页面预览效果，如图10-18所示。

图10-18 "字体"选项卡

执行"发布>重新生成当前页面的HTML文件"命令，可以再次对当前页面进行HTML发布，发布后将覆盖以前发布的页面。

> 提示　对于响应式的 Web 项目文件，HTML 原型是最好的展示方式。

10.3.2 Word生成器

用户可以使用Word生成器将原型文件输出为Word说明文件。Axure RP 9默认对Word 2007支持得比较好，并自带Office兼容包。生成的文件格式为".docx"格式。如果需要低版本的Word文件，则需要通过转化获得。

执行"发布>生成Word说明书"命令，如图10-19所示。用户可以在弹出"生成说明书"对话框中完成Word说明书的创建，如图10-20所示。

图10-19 选择"生成Word说明书"命令　　图10-20 "生成说明书"对话框

"生成说明书"对话框中各项参数的解释如下。

🔊 常规

在该选项卡中，用户可以设置生成的Word说明书的位置和名称。

🔊 页面

在该选项卡中，用户可以选择Word说明书中所包含的内容。与HTML生成器中的页面说明一样，该功能可以让页面结构化，如图10-21所示。

🔊 母版

在该选项卡中，用户可以选择需要出现在Word说明书中的母版及形式，如图10-22所示。

图10-21 "页面"选项卡　　　　　　图10-22 "母版"选项卡

🔊 属性

在该选项卡中，用户可以选择生成Word说明书时是否包含页面说明、页面交互、母版列表、母版使用情况报告、动态面板和中继器等内容，如图10-23所示。

◀)) 快照

用Axure RP 9生成Word说明书功能的一项特别节省时间的方式就是,自动生成所有页面的屏幕快照。所有页面的屏幕快照都会自动更新,还可以同时创建编号脚注,如图10-24所示。

图10-23 "属性"选项卡   图10-24 "快照"选项卡

◀)) 元件

在该选项卡中为元件提供了多种选项配置功能,可以对Word文档中包含的元件说明信息进行管理,如图10-25所示。

◀)) 布局

在该选项卡中提供了Word说明书页面布局的选择性,用户可以选择采用单列或多列的方式排列页面,如图10-26所示。

图10-25 "元件"选项卡   图10-26 "布局"选项卡

◀)) 模板

在该选项卡中,用户可以完成Word说明书中模板的设置。

用户可以通过选择使用Word内置样式或Axure默认样式创建模板文件,并将模板文件应用到Word说明书中,如图10-27所示。设置各项参数后,单击"创建说明书"按钮,即可完成Word说明书的创建,如图10-28所示。

图10-27 "模板"选项卡   图10-28 Word说明书

> **提示**　在项目文件输出时，Word文档是最重要、最容易的输出形式。

10.3.3 更多生成器

　　除了HTML生成器和Word生成器，Axure RP 9还提供了CSV生成器和打印生成器两种生成器。执行"发布>更多生成器和配置文件"命令，如图10-29所示。弹出"生成器配置"对话框，如图10-30所示。

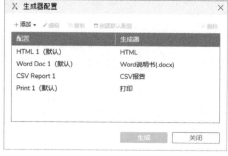

图10-29 执行"更多生成器和配置文件"命令　　　　图10-30 "生成器配置"对话框

◀))　CSV生成器

　　CSV是一种通用的、相对简单的文件格式，被用户、商业和科学广泛应用。最广泛的应用是在程序之间转移表格数据，而这些程序本身是在不兼容的格式上进行操作的（往往是私有的和/或无规范的格式）。因为大量程序都支持某种CSV变体，所以至少可以作为一种可选择的输入/输出格式。

> **提示**　CSV文件由任意数目的记录组成，记录间以某种换行符分隔；每条记录由字段组成，字段间的分隔符是其他字符或字符串，最常见的是逗号或制表符。通常，所有记录都有完全相同的字段序列。

　　在"生成器配置"对话框中选择"CSV Report 1"选项，如图10-31所示。单击"生成"按钮或者双击"CSV Report 1"选项，在弹出的"生成CSV报告"对话框中设置各项参数，单击"Create CSV Report"按钮，即可完成CSV报告的生成，如图10-32所示。

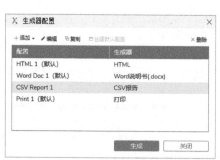

图10-31 生成CSV配置　　　　图10-32 设置CSV报告属性

◀))　打印生成器

　　打印生成器是指如果需要定期打印不同的页面或母版，可以创建不同的打印配置选项，这样就不用每次都重新配置打印属性。如果正在从RP文件中打印多个页面，不必频繁地重复调整打印设置，可以为每个需要打印的页面创建单独的打印配置。

提示　在打印时，用户可以配置打印页面的比例，无论是只有几页还是文件的一整节，打印一组模板时也变得非常简单。

选择"生成器配置"对话框中的"Print 1（默认）"选项，如图10-33所示。单击"生成"按钮或者双击"Print 1（默认）"选项，在弹出的"打印"对话框中设置各项参数，单击"打印"按钮，即可开始打印项目页面，如图10-34所示。

图10-33 生成打印配置　　　　　　　图10-34 设置打印报告属性

 提示　为了确保打印的正确性，用户可以在完成各项参数的设置后，单击"打印"面板底部的"预览"链接，在弹出的"Axure 打印预览"对话框中预览打印效果。

10.4 答疑解惑

原型制作完成后，用户可以根据不同的要求，有针对性地选择输出文件格式，以便原型可以在不同的平台上正确显示。

10.4.1 制作的App原型如何在手机上演示？

在开始制作App产品原型之初，可以将页面尺寸设置为移动设备的尺寸，如图10-35所示。完成App原型的制作后，用户可以执行"发布>预览"命令，或者在工具栏中单击"预览"按钮，即可打开浏览器，使用移动设备的尺寸预览App原型页面，如图10-36所示。

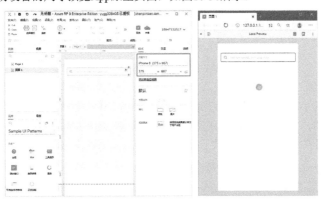

图10-35 App原型页面　　　　　　图10-36 预览App原型页面

10.4.2 如何将原型导出为图片？

如果需要将原型中的一个页面或者多个页面发送给客户，可以选择将页面导出为图片。执行

"文件>导出页面1为图片"命令或"文件>导出所有页面为图片"命令，即可将主页或所有页面导出为图片文件，供用户使用，如图10-37所示。

图10-37 导出命令

执行"导出页面1为图片"命令，用户可以在弹出的"另存为"对话框中为产品原型的当前页面设置地址、名称和图片格式等，如图10-38所示。设置完成后，单击"保存"按钮，即可将页面保存为目标图片。

执行"导出所有页面为图片"命令，用户可以在弹出的"导出图片"对话框中为产品原型设置"目标地址"和"图片格式"，如图10-39所示。设置完成后，单击"确定"按钮，即可将页面保存为目标图片。

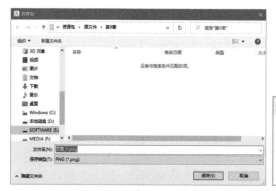

图10-38 "另存为"对话框

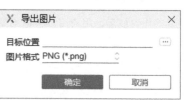

图10-39 "导出图片"对话框

10.5 总结扩展

制作原型产品固然重要，但对最终产品的发布与输出也要有所了解，这样才可以满足用户的不同要求。

10.5.1 本章小结

本章向读者讲解了Axure RP 9的4种生成器，生成4种不同格式的原型设计供客户查看。HTML生成器是常用的生成器，Word生成器是人们最容易理解和接受的生成器，CSV生成器是通用的、相对简单的生成器，利用打印生成器可以设置打印的尺寸和格式，还可以创建单独的打印配置。

10.5.2 扩展练习——发布生成一个HTML文件

源文件：无

素　材：资源包\素材\第10章\10-5-2.rp

技术要点：掌握【发布生成一个HTML文件】的方法

扫描查看演示视频　扫描下载素材

本案例是将一个Axure原型文件发布成为HTML文件。通过设置发布参数和存储位置，完成

HTML文件的发布。双击导出后的"index.html"文件，预览页面效果，如图10-40所示。

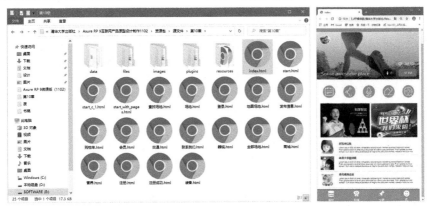

图10-40 预览HTML页面效果

读书
笔记

本章将利用前面所学的知识完成综合案例的制作，根据如今网站产品的种类，制作PC端网站产品页面原型案例。读者在制作过程中，要深刻领悟前面所学的知识点，并尝试独立完成PC端产品原型的制作。

11.1 设计制作QQ邮箱加载页面

本案例将设计制作QQ邮箱登录页面原型。原型文件包含3个页面，分别是进度页面、登录页面和邮箱页面。制作完成后的原型文件需要实现3个页面的切换效果，原型文件及原型预览效果如图11-1所示。

图11-1 原型文件及原型预览效果

源文件：资源包\源文件\第11章\11-1.rp
素　材：资源包\素材\第11章\11101.jpg~11102.jpg
技术要点：掌握【制作QQ邮箱加载页面】的方法

扫描查看演示视频　扫描下载素材

11.1.1 案例描述

在登录页面中，当用户输入用户名和密码后，单击如图11-2所示的"登录"按钮，即可启动页面加载效果，也就是原型文件中的进度页面。页面加载完成后直接进入邮箱界面，如图11-3所示。

图11-2 登录页面　　　　　　　　图11-3 邮箱页面

为了便于读者查看效果，本案例中将加载时间设置得比较长，

Learning Objectives
学习重点 ✍

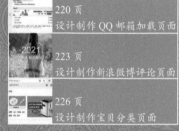

220 页
设计制作 QQ 邮箱加载页面

223 页
设计制作新浪微博评论页面

226 页
设计制作宝贝分类页面

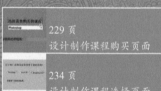

229 页
设计制作课程购买页面

234 页
设计制作课程选择页面

237 页
设计制作浏览信息页面

240 页
设计制作重置密码页面

制作时读者可以根据自己的喜好或实际加载情况修改进度显示时间，实现更好的交互效果。

11.1.2 案例分析

本案例为PC端网页原型，在设置原型页面尺寸时，不采用固定的页面尺寸。本原型案例中共包括登录、加载和登录成功3个页面，分别对应原型文件中的登录、进度和邮箱页面。

制作过程中需要使用"矩形 1"元件、"动态面板"元件和"文本标签"元件实现进度页面中的进度条效果，完成后的"概要"面板如图11-4所示。

图11-4 "概要"面板

进度条效果由多个"矩形"元件和"动态面板"元件嵌套组成，为了让读者在之后的案例制作过程中能够更加顺利地完成原型的制作，接下来对进度条效果进行详细讲解。

在页面中添加一个"矩形 1"元件，并将其命名为"蓝色矩形"，在"样式"面板中设置元件的"填充"颜色为#FFFFFF，"线段"颜色为#A1A9B7，元件效果如图11-5所示。

继续在页面中添加"动态面板"元件并放置在"矩形1"元件上，设置其尺寸为300px×8px。双击进入"动态面板"编辑模式，将"矩形1"元件拖入页面中，并设置其样式，如图11-6所示。

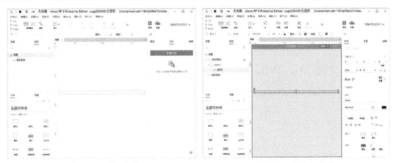

图11-5 元件效果　　　　　　　　　　　　图11-6 设置样式

再次拖入一个"动态面板"元件，设置其名称为"进度"，如图11-7所示。双击进入"动态面板"编辑模式，在页面中拖入一个"矩形1"元件，如图11-8所示。

图11-7 使用"动态面板"元件　　　　　　图11-8 使用"矩形 1"元件

返回"page 1"或进度页面，将"文本标签"元件拖入页面中，在"样式"面板中设置字体为Arial，字体大小为16，字体颜色为#333333，字体样式为粗体，输入文字内容，效果如图11-9所示。

图11-9 页面效果

进度条效果制作完成后，用户可以根据下面的制作步骤为进度页面添加交互效果，再根据制作步骤完成登录页面和邮箱页面的制作，最终完成QQ邮箱加载页面的制作。

一般情况下，进度页面的作用是承上启下。"承上"即用户在登录页面输入登录信息并单击"登录"按钮后，网页出现进度条，为用户的等待时间框定一个范围，转移用户在等待过程中产生的焦躁感。"启下"即进度条加载效果完成后，网页开启邮箱页面，使用户进入邮箱页面。

11.1.3 制作步骤

STEP 01 启动 Axure RP 9 并新建一个文件，多次使用"矩形 1"元件和"动态面板"元件制作进度条效果，并使用"文本标签"元件为进度条添加说明，最终完成进度页面的制作，页面效果如图 11-10 所示。

STEP 02 单击页面空白处，打开"交互编辑器"对话框。添加"页面载入时"事件和"移动"动作，设置"移动"为"经过"，"动画"为"线性"，"时间"为 10000 毫秒。完成后再次添加"移动"动作，设置动作参数，如图 11-11 所示。

图11-10 进度页面效果　　　　　　　　图11-11 设置动作参数

STEP 03 在"页面"面板中新建一个名为"登录"的页面，将"图片"元件拖曳到页面中，并为元件导入"素材 \ 第 11 章 \11102.jpg"图片素材。将"热区"元件拖曳到页面中并覆盖在"登录"按钮上，如图 11-12 所示。

STEP 04 在"交互编辑器"对话框中为"热区"元件添加"单击时"事件，再添加"打开链接"动作，设置各项参数，如图 11-13 所示。新建一个名为"邮箱"的页面，将"图片"元件拖入并导入图片。

图11-12 使用"热区"元件　　　　　图11-13 设置各项参数

STEP 05 双击进入"进度"页面,在"交互编辑器"面板中继续为页面添加"等待"和"打开链接"动作,设置动作参数,如图 11-14 所示。

STEP 06 在"登录"页面中单击工具栏中的"预览"按钮,在浏览器中打开登录页面,单击"登录"按钮即可打开进度页面。进度条完成后,页面自动进入 QQ 邮箱页面,预览效果如图 11-15 所示。

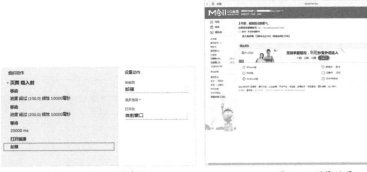

图11-14 设置动作参数　　　　　　图11-15 预览效果

11.2　设计制作新浪微博评论页面

当用户单击某个按钮时,页面会自动打开一个新的窗口提示错误或显示操作面板,这种效果在网页中非常常见。本案例将设计制作一个新浪微博评论页面的原型,即当用户单击评论按钮时,打开提示登录的页面。原型文件及原型预览效果如图11-16所示。

图11-16 原型文件及原型预览效果

源文件：资源包\源文件\第11章\11-2.rp
素　材：资源包\素材\第11章\11201.jpg~11204.jpg
技术要点：掌握【制作新浪微博评论页面】的方法

扫描查看演示视频　　扫描下载素材

11.2.1 案例描述

本案例的交互效果包括一个评论页面和一个弹出面板，将弹出面板的初始效果设为隐藏，只有在用户触发了指定按钮后，才会被弹出。基于此种设定，用户只需制作一个页面，即可完成评论页面和弹出面板的交互效果。

在设计制作页面原型时，通过为"按钮"元件添加交互样式，实现鼠标悬停的按钮效果。然后再通过添加"显示/隐藏"动作，完成弹出面板的交互效果制作。

11.2.2 案例分析

微博评论页面由"图片"元件、"矩形2"元件、"文本框"元件、"复选框"元件和"按钮"元件组成，登录弹出面板由"动态面板"元件、"图片"元件和"热区"元件组成。

为了让读者在之后的案例制作过程中能够更加顺利地完成原型的制作，接下来对微博评论页面和登录弹出面板进行详细讲解。

将"图片"元件拖曳到页面中并导入图片素材。将"矩形2"元件拖入到页面中，设置其大小和位置，如图11-17所示。将"文本框"元件拖曳到页面中，单击"交互"面板中的"提示"选项，再选择"提示属性"选项，设置文本框的各项参数，如图11-18所示。

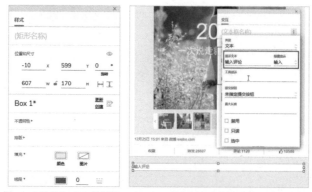

图11-17 设置矩形元件样式　　　　图11-18 设置提示属性

使用"图片"元件和"复选框"元件完成如图11-19所示的页面效果。将"按钮"元件拖入到页面中，在"样式"面板中修改"填充"颜色为#FF6600，设置圆角"半径"为1，"边框"为无，效果如图11-20所示。

图11-19 页面效果　　　　　　　　图11-20 按钮效果

选择"交互"面板中的"鼠标悬停"选项，设置"填充颜色"为#FF6633，如图11-21所示，单击"确定"按钮，评论按钮的效果如图11-22所示。

图11-21 设置"鼠标悬停"选项　　　图11-22 评论按钮效果

在页面中拖入一个"动态面板"元件，双击进入"动态面板"编辑模式，拖入"图片"元件并导入图片素材，效果如图11-23所示。将"热区"元件拖曳到页面中，调整其大小和位置如图11-24所示。

图11-23 使用"动态面板"元件　　　图11-24 使用"热区"元件

微博评论页面和登录弹出面板制作完成后，用户可以根据下面的制作步骤为"热区"元件和"按钮"元件添加交互效果，最终完成微博评论页面的交互效果制作。

11.2.3 制作步骤

STEP 01 启动 Axure RP 9 并新建一个文件，使用"图片"元件、"矩形 2"元件、"文本框"元件、"复选框"元件和"按钮"元件完成微博评论页面的制作，如图 11-25 所示。

STEP 02 继续使用"动态面板"元件和"热区"元件完成微博的弹出登录页面的制作，如图 11-26 所示。

图11-25 完成微博评论页面的制作　　　图11-26 登录页面效果

STEP 03 选中"热区"元件，在"交互编辑器"对话框中添加"单击时"事件，再添加"显示/隐藏"动作，设置动作的各项参数，如图 11-27 所示。返回主页面，选中"动态面板"元件，单击工具栏中的"隐藏"按钮。

STEP 04 选中"评论"按钮，在"交互编辑器"对话框中为其添加"单击时"事件，再添加"显示/隐藏"动作，设置动作各项参数，如图 11-28 所示。

图11-27 隐藏元件　　　　　　　　　　　　图11-28 添加交互

STEP 05 在页面上单击，在"样式"面板中设置页面排列方式为居中对齐。执行"发布＞生成HTML文件"命令，在弹出的"发布项目"对话框中设置各项参数。

STEP 06 单击"发布到本地"按钮，稍等片刻，即可在发布位置看到生成的HTML文件，如图11-29所示。双击"page_1.html"文件，原型预览效果如图11-30所示。

图11-29 HTML文件　　　　　　　　　　图11-30 原型预览效果

11.3　设计制作宝贝分类页面

宝贝分类是电子商务平台常见的页面效果，通常采用紧凑的信息组合方式向用户展示更多的宝贝信息，既减少了用户的浏览时间，又节省了页面空间，还方便用户对宝贝进行分类查找。本案例将设计制作淘宝网首页中产品分类的原型，原型预览效果如图11-31所示。

图11-31 原型预览效果

源文件：资源包\源文件\第11章\11-3.rp
素　材：资源包\素材\第11章\pic1.jpg~pic4.jpg
技术要点：掌握【制作宝贝分类页面】的方法

扫描查看演示视频　扫描下载素材

11.3.1　案例描述

在Axure RP 9中，制作通过单击实现页面切换的交互效果时，通常先使用"动态面板"元件完成页面的制作，然后再为其添加"单击时"事件和"设置面板状态"动作。交互效果设置完成后，可以实现单击不同元件动态面板显示不同的状态页面效果。

例如，在浏览器中打开宝贝分类页面，选择"企业采购"类别，即可将页面切换到"企业采购"分类页面，如图11-32所示。再选择"家庭保障"类别，即可将页面切换到"家庭保障"分类页面，如图11-33所示。

图11-32 "企业采购"分类页面

图11-33 "家庭保障"分类页面

11.3.2 案例分析

分类页面由"动态面板"元件和"图片"元件组成，为了让读者在之后的案例制作过程中能够更加顺利地完成原型的制作，接下来对分类页面进行详细讲解。

将"矩形1"元件拖曳到页面中，设置其位置和尺寸，设置填充"颜色"为白色，线段"颜色"为#CCCCCC，线框为1，如图11-34所示。将"动态面板"元件拖曳到页面中，设置其"位置和尺寸"如图11-35所示。

图11-34 设置元件样式   图11-35 设置元件的位置和尺寸

设置"动态面板"元件的名称为"项目列表"，元件效果如图11-36所示。双击进入"动态面板"编辑模式，修改面板状态1的名称为"pic1"，将"图片"元件拖曳到状态中，导入图片素材，效果如图11-37所示。

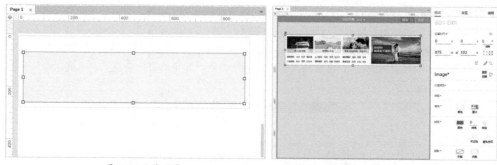

图11-36 元件效果　　　　　　　　图11-37 修改状态名称并添加图片

　　单击"动态面板"顶部的"pic1"，在打开的面板中选择"添加状态"选项，添加状态并修改名称为"pic2"，添加图片素材如图11-38所示。再次添加两个名为"pic3"和"pic4"的面板状态并添加图片素材，效果如图11-39所示。

图11-38 新建面板状态并导入图片　　　　图11-39 完成其他两个状态的制作

　　分类页面制作完成后，用户可以根据下面的制作步骤为"动态面板"元件添加交互效果，最终完成宝贝分类页面交互效果的制作。

11.3.3 制作步骤

STEP 01 启动 Axure RP 9 并新建一个文件，使用"动态面板"元件和"图片"元件完成项目列表效果的制作，再将"三级标题"元件拖曳到页面中，修改文本内容和元件样式，如图 11-40 所示。

STEP 02 在"样式"面板的"线段"选项组中单击"可见性"图标，设置其参数，如图 11-41 所示。

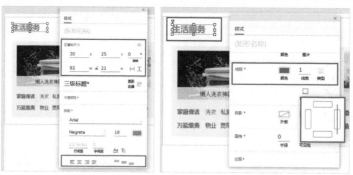

图11-40 设置文本样式　　　　　　图11-41 设置可见性参数

STEP 03 使用相同的方法完成如图 11-42 所示的文本标题菜单的制作。

STEP 04 选中"生活服务"元件，在"交互编辑器"对话框中为其添加"单击时"事件，再添加"设置面板状态"动作，设置动作参数，如图 11-43 所示。

图11-42 文本标题菜单效果　　　　　　　　　　图11-43 设置动作

STEP 05 使用相同的方法，分别为其他文本菜单添加"单击时"事件和"设置面板状态"动作，完成后的页面效果如图 11-44 所示。

STEP 06 单击工具栏中的"预览"按钮，原型预览效果如图 11-45 所示。

图11-44 完成的页面效果　　　　　　　　　图11-45 原型预览效果

11.4　设计制作课程购买页面

用户可以在下拉列表框中选择想要购买的课程。选择完成后，页面下方会自动显示所选课程。这种效果便于用户查看所选内容，避免不必要的错误。原型文件及原型预览效果如图11-46所示。

图11-46 原型文件及原型预览效果

源文件：资源包\源文件\第11章\11-4.rp

素　材：无

技术要点：掌握【制作课程购买页面】的方法

扫描查看演示视频

11.4.1　案例描述

在设计制作原型页面时，通过为"下拉列表"元件添加"选项改变时"事件，实现控制列表选项的效果。

通过为"下拉列表"元件添加"显示/隐藏"和"设置文本"动作，实现在表单中选择选项后，文本框和隐藏文本同时显示选择课程的交互效果。

11.4.2 案例分析

本原型案例主要使用"下拉列表"元件和"文本标签"元件制作课程购买页面，为了让读者在之后的案例制作过程中能够更加顺利地完成原型的制作，接下来对课程购买页面的原型效果进行详细讲解。

将"矩形1"元件拖曳到页面中，设置其名称为"背景"，尺寸为350px×300px。设置元件的填充"颜色"为#FF9900，线段"颜色"为#797979，"线框"为1，按【Ctrl+K】组合键锁定矩形元件，效果如图11-47所示。

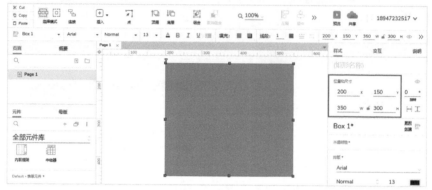

图11-47 使用元件

将"文本标签"元件拖曳到页面中，输入文本并设置文本样式，如图11-48所示。将"下拉列表"元件拖曳到页面中，设置其名称为"选择课程"，如图11-49所示。

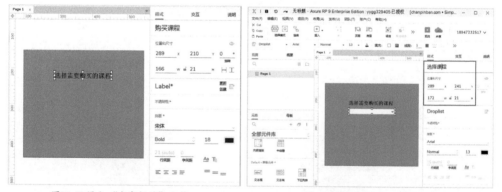

图11-48 添加"文本标签"元件　　　　　　图11-49 添加"下拉列表"元件

继续在页面中添加"下拉列表"元件，并设置多个选项和交互效果。在"下拉列表"元件下方继续添加"文本标签"元件，为元件添加交互效果后将其隐藏，最终完成课程购买页面的交互原型制作。

11.4.3 制作步骤

STEP 01 启动 Axure RP 9 并新建一个文件，使用"矩形1"元件、"文本标签"元件和"下拉列表"元件完成页面效果的制作，设置"下拉列表"元件的名称为"选择课程"，效果如图 11-50 所示。

STEP 02 双击进入"编辑下拉列表"对话框，单击"编辑多项"按钮，在弹出的"编辑多项"对话框中输入列表选项，如图 11-51 所示。

图11-50 使用元件　　　　图11-51 "编辑多项"对话框

STEP 03 连续单击两次"确定"按钮，完成对"下拉列表"元件的设置。将"文本标签"元件拖曳到页面中并修改文本内容，如图 11-52 所示。

STEP 04 再次拖入一个"文本标签"元件，设置其名称为"结果"，如图 11-53 所示。单击工具栏中的"隐藏"按钮，将其隐藏。

图11-52 使用"文本标签"元件　　　　图11-53 使用"文本标签"元件

STEP 05 选中"选择课程"元件，在"交互编辑器"对话框中添加"选项改变时"事件，再添加"设置文本"动作，设置动作各项参数。再添加"显示/隐藏"动作，设置动作各项参数，如图 11-54 所示。

STEP 06 单击"确定"按钮。按【Ctrl+.】组合键或单击工具栏中的"预览"按钮，可以在打开的浏览器中预览原型，预览效果如图 11-55 所示。

图11-54 添加动作并设置参数　　　　图11-55 原型预览效果

11.5　设计制作手机号码输入页面

输入手机号码是软件登录页面中常用的交互效果，通常采用在输入信息后添加判定条件的方式，提示用户所输入信息的正确与否。

用户可以根据系统给出的判定提示，选择接下来是否继续完成交互效果。原型预览效果如图11-56所示。

图11-56 原型预览效果

源文件：资源包\源文件\第11章\11-5.rp

素　材：无

技术要点：掌握【制作手机号码输入页面】的方法

扫描查看演示视频

11.5.1 案例描述

本原型案例的交互效果包括一个输入手机号码的页面和两个条件，用户在输入框中输入信息，原型页面根据判定条件告知用户的输入信息正确与否。

在输入页面的文本框中输入手机号码，如果输入的手机号码是正确的，文本框后面给予"√"符号，提示信息输入正确，如图11-57所示。反之，如果输入的手机号码不正确，文本框后面则给予"×输入的手机号码有误"文字，提示信息输入错误，如图11-58所示。

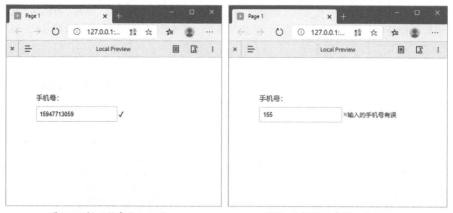

图11-57 提示信息输入正确　　　　　　图11-58 提示信息输入错误

11.5.2 案例分析

本案例中的手机输入页面由"文本标签"元件、"矩形1"元件和"文本框"元件组成，接下来讲解制作原型页面的详细过程。

将"文本标签"元件拖曳到页面中，修改"文本标签"元件中的文本内容。继续将"矩形1"元件拖曳到页面中，修改矩形的尺寸为190px×34px，圆角值为3px，元件效果如图11-59所示。将"文本框"元件拖曳到页面中，在"样式"面板中设置其名称和提示文本，如图11-60所示。

图11-59 元件效果　　　　　　　　图11-60 使用"文本框"元件

再次将"矩形 1"元件拖曳到页面中，修改矩形的线段为0，最后为"矩形 1"元件设置名称，如图11-61所示。

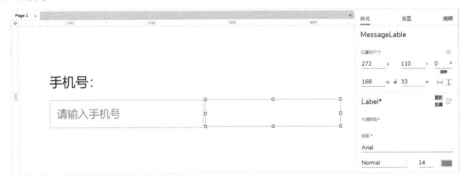

图11-61 使用"矩形 1"元件

完成输入页面的原型制作后，用户可以根据下面的制作步骤为"文本框"元件添加"获取焦点时"事件、"失去焦点时"事件、"设置文本"动作和"情形"条件，最终完成页面交互效果的制作。

11.5.3　制作步骤

STEP 01 启动 Axure RP 9 并新建一个文件，使用"文本标签"元件、"矩形 1"元件和"文本框"元件完成页面效果的制作，如图 11-62 所示。

STEP 02 选中 NumberInput 元件，为其添加"获取焦点时"事件和"设置文本"动作，动作参数如图 11-63 所示。

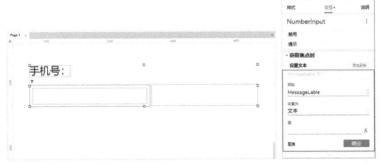

图11-62 使用元件　　　　　　　　图11-63 设置动作参数

STEP 03 打开"交互编辑器"对话框，继续添加"失去焦点时"事件，并打开"情形编辑"对话框，在其中设置"元件文字""元件文字长度""值"3 个条件参数，如图 11-64 所示。

STEP 04 设置完成后，单击"确定"按钮回到"交互编辑器"对话框，继续为"失去焦点时"事件添加"设置文本"动作，选择"目标"为"Message Lable"元件，设置为"富文本"，在弹出的"输入文本"对话框中输入提示文字，完成后的效果如图 11-65 所示。

图11-64 设置参数　　　　　　　　图11-65 设置动作

STEP 05 继续为"失去焦点时"事件添加"情形2"条件，设置条件参数。再为"情形2"条件添加"设置文本"动作，设置动作参数，如图11-66所示。

STEP 06 设置完成后，单击工具栏中的"预览"按钮，在打开的浏览器中预览原型，效果如图11-67所示。

图11-66 设置动作参数　　　　　　图11-67 预览原型效果

11.6 设计制作课程选择页面

　　页面中使用表单可以很好地实现网站与用户的互动。本案例中将使用单选按钮组完成一个课程选择页面原型的制作，原型文件和原型预览效果如图11-68所示。

图11-68 原型文件和原型预览效果

源文件：资源包\源文件\第11章\11-6.rp

素　材：无

技术要点：掌握【制作课程选择页面】的方法

扫描查看演示视频

11.6.1 案例描述

　　本案例使用单选按钮的编组功能制作单选效果。当用户获取一个"单选按钮"元件的焦点时，可以为其添加"设置选中""设置文本"动作。并通过使用"显示/隐藏"动作控制页面中其他元件的显示效果。

11.6.2　案例分析

　　本案例中的课程选择页面原型主要由"矩形 3"元件、"文本标签"元件和"单选按钮"元件组成，为了让读者在之后的案例制作过程中能够更加顺利地完成原型的制作，接下来对课程选择页面进行详细讲解。

　　将"矩形3"元件拖曳到页面中，设置其名称为"背景"，设置"位置和尺寸"如图11-69所示。拖动"矩形"元件左上角的黄色三角形，效果如图11-70所示。

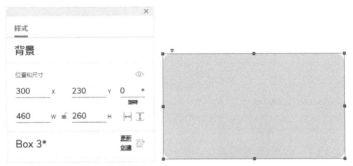

图11-69 设置元件样式　　　　　　图11-70 元件效果

　　将"文本标签"元件拖曳到页面中，在"样式"面板中修改文本的颜色并修改文本内容如图11-71所示。

图11-71 使用"文本标签"元件

　　将"单选按钮"元件拖曳到页面中，设置其名称为"选项1"，修改按钮选项后面的文本内容为Photoshop，如图11-72所示。

图11-72 使用"单选按钮"元件

　　使用相同的方法制作其他单选按钮元件，如图11-73所示。继续拖入一个"文本标签"元件，修改文本内容，如图11-74所示。

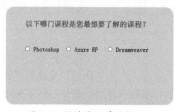

图11-73 制作其他单选按钮　　　　图11-74 使用"文本标签"元件

再次拖入一个"文本标签"元件，删除文本内容并设置为隐藏，设置名称为"显示答案"，如图11-75所示。拖动选中所有单选元件，单击鼠标右键，在弹出的快捷菜单中选择"指定单选按钮的组"命令，如图11-76所示。

图11-75 使用"文本标签"元件　　　　　　图11-76 设置按钮组

11.6.3 制作步骤

STEP 01 新建一个 Axure RP 9 文件，完成"矩形 3"元件、"文本标签"元件和"单选按钮"页面效果的制作，如图 11-77 所示。

STEP 02 选中 3 个单选按钮，单击鼠标右键，在弹出的快捷菜单中选择"选项组"命令，弹出如图 11-78 所示的对话框，设置"组名称"为"选项组"。

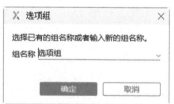

图11-77 页面效果　　　　　　　图11-78 设置"组名称"

STEP 03 选择"选项 1"元件，在"交互编辑器"对话框中添加"获取焦点时"事件，再添加"设置选中"动作，设置动作参数，如图 11-79 所示。

STEP 04 添加"设置文本"动作，设置动作参数。添加"显示/隐藏"动作，设置动作参数，如图 11-80 所示。

图11-79 设置动作参数　　　　　　　图11-80 设置动作参数

STEP 05 使用相同的方法，在"交互编辑器"对话框中为"选项 2"元件和"选项 3"元件添加交互，如图 11-81 所示。

STEP 06 执行"文件 > 保存"命令，将文件保存。单击工具栏中的"预览"按钮，原型预览效果如图 11-82 所示。

图11-81 添加交互　　　　　　　　图11-82 原型预览效果

11.7　设计制作浏览信息页面

本案例将设计制作某网站的浏览信息页面原型。原型文件包含一个页面和一个弹出面板，制作完成后的原型文件需要实现单击按钮时弹出大图展示面板，原型文件及原型预览效果如图11-83所示。

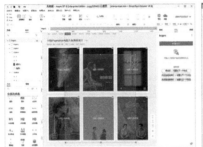

图11-83 原型文件及原型预览效果

源文件：资源包\源文件\第11章\11-7.rp
素　材：资源包\素材\第11章\11701.jpg~11707.jpg
技术要点：掌握【制作浏览信息页面】的方法

扫描查看演示视频　扫描下载素材

11.7.1　案例描述

本原型案例需要制作一个信息展示页面和大图展示面板。用户可以在如图11-84所示的信息展示页面中将鼠标移入任意图片范围内，将出现鼠标移入时的交互效果。这种交互效果体现在图片信息的颜色饱和度降低，并出现"收藏海报"和"查看大图"按钮供用户选择，页面效果如图11-85所示。

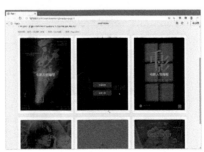

图11-84 信息展示页面　　　　　　图11-85 页面效果

在"鼠标移入时"交互效果中，单击"查看大图"按钮，即可弹出该海报的大图展示面板，面板包括海报大图和关闭按钮，大图展示面板如图11-86所示。用户在大图展示面板中单击"关闭"按钮，即可返回信息展示页面，如图11-87所示。

图11-86 大图展示面板　　　　　　　　图11-87 返回信息展示页面

11.7.2 案例分析

信息展示页面原型由"图片"元件、"动态面板"元件、"矩形 1"元件、"文本标签"元件和"主要按钮"元件组成，为了让读者在之后的案例制作过程中能够更加顺利地完成原型的制作，接下来对信息浏览页面进行详细讲解。

在空白文件的"样式"面板中单击"填充"选项卡中的"图片"按钮，为页面填充图片背景，如图11-88所示。将"图片"元件拖曳到页面中，设置其位置和大小，并为元件填充图片素材，如图11-89所示。

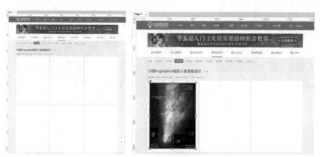

图11-88 设置页面背景素材　　　　图11-89 使用"图片"元件

连续复制5个"图片"元件，并逐个修改"图片"元件的图片填充素材，如图11-90所示。将"动态面板"元件拖曳到页面中，设置元件的名称为"pic 1"，双击"动态面板"元件进入编辑状态，修改状态名为"移出"，在页面中添加"矩形 1"元件和"文本标签"元件，修改尺寸、线段和文本内容，如图11-91所示。

图11-90 复制多个"图片"元件　　图11-91 使用"动态面板"元件

在"动态面板"元件的编辑状态中，新建一个面板状态并重命名为"移入"，使用"矩形 1"元件和"主要按钮"元件完成页面的制作，如图11-92所示。回到主页面，复制多个动态面板元件，并逐一修改动态面板元件的名称为"pic2"~"pic6"，如图11-93所示。

图11-92 完成页面制作 | 图11-93 复制多个"动态面板"元件

设计制作完信息展示页面原型后，用户可以根据下面的制作步骤完成为"图片"元件添加交互效果的操作，然后再为页面添加弹出面板和交互效果，最后为元件与弹出面板添加切换效果，所有交互效果添加完成后，信息浏览页面就制作完成了。

11.7.3 制作步骤

STEP 01 新建一个文件并为页面添加图片素材的背景填充，使用"矩形 1"元件、"图片"元件、"动态面板"元件、"文本标签"元件和"主要按钮"元件完成页面的制作，如图 11-94 所示。

STEP 02 选中"pic1"动态面板元件，打开"交互编辑器"对话框，添加"鼠标移入时"事件和"设置面板状态"动作，并为动作设置进入动画和退出动画。继续添加"鼠标移出时"事件和"设置面板状态"动作，设置动作参数，如图 11-95 所示。

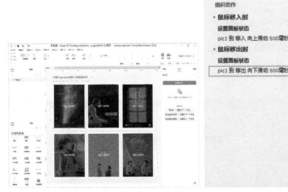

图11-94 制作页面 | 图11-95 设置动作参数

STEP 03 在页面中添加"动态面板"元件，双击"动态面板"元件进入面板编辑状态，使用"矩形 1"元件、"图片"元件和"文本标签"元件完成页面制作，选中"×"文本元件，为其添加"单击时"事件和"显示/隐藏"动作，如图 11-96 所示。

STEP 04 将"动态面板"元件的名称设置为"bigpic"，并为"动态面板"元件添加 5 个面板状态，使用相同的方法完成每一个面板状态的页面制作，页面效果如图 11-97 所示。

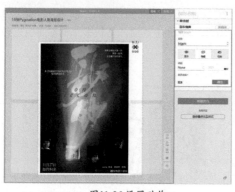 

图11-96 设置动作　　　　　　　　　　　图11-97 页面效果

STEP 05 进入"pic1"动态面板元件的"移入"状态页面，选中"查看大图"按钮元件，为其添加"单击时"事件、"显示/隐藏"动作和"设置面板状态"动作，如图 11-98 所示。

STEP 06 回到主页面，使用相同的方法为"pic2"～"pic6"元件设置交互事件和交互动作，并将"bigpic"元件设置为隐藏，如图 11-99 所示，最后将文件保存。

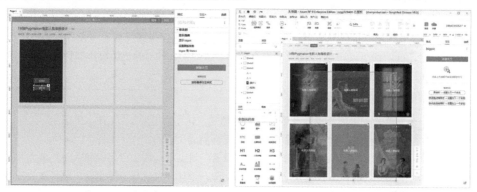

图11-98 设置动作　　　　　　　　　　图11-99 使用相同的方法完成页面制作

11.8　设计制作重置密码页面

用户在登录网站时，如果忘记了登录密码，可以通过重置密码功能重新设置登录密码。本案例将制作腾讯QQ重置密码页面，用户可以根据提示一步一步地重置登录密码，原型文件及原型预览效果如图11-100所示。

图11-100 原型文件及原型预览效果

源文件：资源包\源文件\第11章\11-8.rp

素　材：资源包\素材\第11章\11801.jpg

技术要点：掌握【制作重置密码页面】的方法

扫描查看演示视频　扫描下载素材

11.8.1 案例描述

　　用户首先通过输入手机号码获得验证码，通过身份验证后，可以重新输入密码，重置密码后即显示完成操作。

　　在输入用户名页面中，输入用户名和验证码后单击"确定"按钮，如果输入的验证码错误，则出现如图11-101所示的提示信息；如果输入的验证码正确，则进入如图11-102所示的验证身份页面。

图11-101 提示信息　　　　　　　　　　　　图11-102 验证身份页面

　　在验证身份页面中，获取验证码并将其填入到输入框中，单击"下一步"按钮，如果验证码是正确的，则进入重置密码页面。

　　在重置密码页面输入用户重新设定的密码，单击"下一步"按钮，出现如图11-103所示的提示页面，表示两个输入框中的密码不一样；如果两个输入框中的密码相同，则进入如图11-104所示的完成密码重置页面。

图11-103 提示页面　　　　　　　　　　　　图11-104 完成密码重置页面

11.8.2 案例分析

　　本案例使用"动态面板"元件分别完成"1-2-3-4步"和"重置密码步骤"元件的制作。然后为不同的元件添加"设置文本"和"设置面板状态"动作，根据实际情况为某些元件添加判定条件，实现获得验证码、验证身份和重置密码的操作，最终完成重置密码的操作。

　　找回密码步骤页面由"动态面板"元件、"文本框"元件、"主要按钮"元件和"圆形"元件等组成，为了让读者在之后的案例制作过程中能够更加顺利地完成原型的制作，接下来对找回密码步骤页面进行详细讲解。

将页面重命名为"找回密码"，单击"样式"选项卡中的"导入"按钮，导入"素材\第11章\11801.jpg"素材图片，如图11-105所示。将"动态面板"元件拖入到页面中，在"样式"选项卡中设置其尺寸和位置，如图11-106所示。

图11-105 导入素材图片　　　　　　　　图11-106 使用"动态面板"元件

双击"动态面板"元件进入"动态面板"编辑状态，在页面顶部单击"State1"按钮，在打开的面板中添加3个状态，并分别修改状态名称为"1""2""3""OK"，设置"动态面板"元件名称为"1-2-3-4步"。

分别进入"1""2""3""OK"面板状态，使用"圆形"元件、"文本标签"元件和"水平线"元件完成页面的制作，页面效果如图11-107所示。

图11-107 页面效果

返回"找回密码"页面，再次将"动态面板"元件拖入到页面中，设置其名称为"找回密码步骤"，在"样式"面板中设置其大小和位置，如图11-108所示。

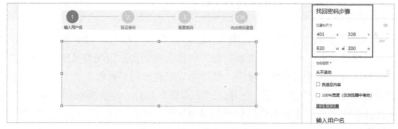

图11-108 使用动态面板元件

双击"动态面板"元件进入"动态面板"编辑状态，在页面顶部单击"State1"按钮，在打开的面板中添加3个状态，分别修改状态名称为"输入用户名""验证身份""重置密码""完成密码重置"。

进入"输入用户名"页面状态，使用"文本标签"元件、"文本框"元件和"主要按钮"元件完成页面效果的制作，如图11-109所示。分别命名文本框为"用户名"和"验证码"。

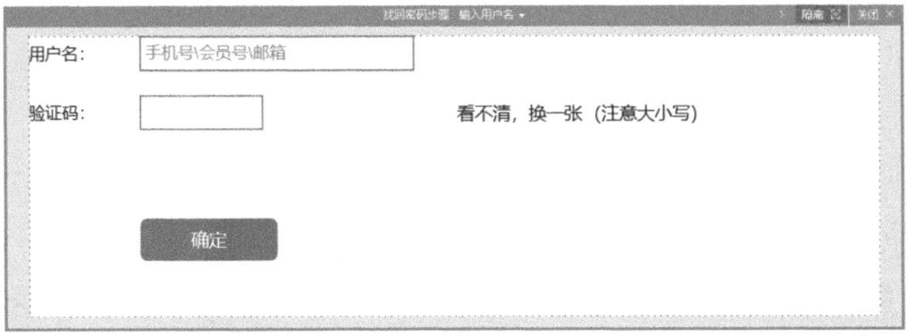

图11-109 页面效果

连续使用"文本标签"元件创建文本内容，修改元件内容为"验证码错误"和"用户名不能为空"，分别设置其名称为"验证码错误"和"用户名为空提示"，修改完成后将两个元件设为隐藏，页面效果如图11-110所示。

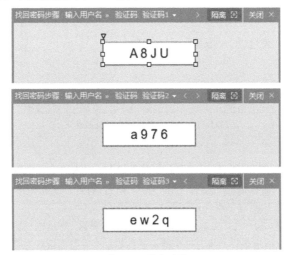

图11-110 页面效果

将"动态面板"元件拖曳到页面中，设置大小尺寸为100px×25px，设置名称为"验证码"。进入"动态面板"的编辑状态，添加两个状态并修改各个状态的名称，分别在3个状态中插入矩形元件，并输入不同的文字，状态效果如图11-111所示。

图11-111 状态效果

进入"验证身份"面板状态，使用"文本标签"元件、"文本框"元件、"下拉列表"元件和"主要按钮"元件制作页面，页面效果如图11-112所示。

图11-112 "验证身份"页面效果

进入"重置密码"面板状态，使用"文本标签"元件、"文本框"元件和"主要按钮"元件创建页面，页面效果如图11-113所示。

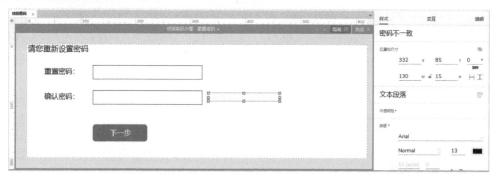

图11-113 "重置密码"页面效果

进入"完成密码重置"面板状态，将"二级标题"元件拖入到页面中，修改文字的颜色和内容，页面效果如图11-114所示。

图11-114 "完成密码重置"页面效果

11.8.3 制作步骤

STEP 01 新建一个文件并使用各种元件完成页面效果的制作，进入"找回密码步骤"动态面板的编辑状态，在"输入用户名"面板状态中选中"用户名"元件，打开"交互编辑器"对话框，添加"获取焦点时"事件和"失去焦点时"事件，如图11-115所示。

STEP 02 选中名为"看不清，换一张"文本元件，打开"交互编辑器"对话框，添加"单击时"事件，为"单击时"事件连续添加3个情形条件，并为每个情形条件添加"设置面板状态"动作，如图11-116所示。

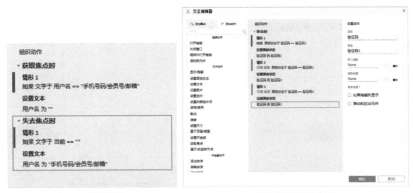

图11-115 设置交互   图11-116 设置交互

STEP 03 选中"确定"按钮元件，打开"交互编辑器"对话框，为元件添加"单击时"事件，再为"单击时"事件添加 4 个情形条件，并为每个情形条件添加"显示/隐藏"动作，如图 11-117 所示。

STEP 04 继续为"单击时"事件添加 3 个情形条件，创建一个名为"Name"的全局变量，再为每个情形条件添加"设置面板状态"动作、"设置变量值"动作和"设置文本"动作，如图 11-118 所示。

图11-117 设置情形条件   图11-118 设置情形条件

STEP 05 进入"验证身份"状态页面，分别选中"获取验证码"按钮元件、"请输入验证码"文本框元件、"上一步"按钮元件和"下一步"按钮元件，为其添加交互事件、情形条件和动作，页面效果如图 11-119 所示。

STEP 06 进入"重置密码"状态页面，分别选中"确认密码"元件和"下一步"按钮元件，为其添加交互事件、情形条件和动作，页面效果如图 11-120 所示。

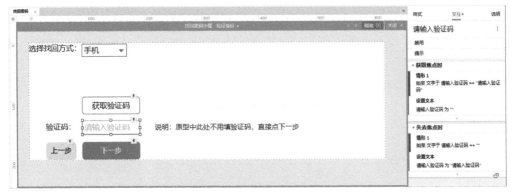

图11-119 "验证身份"页面效果

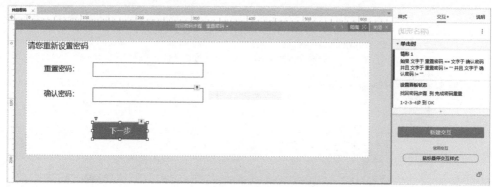

图11-120 "重置密码"页面效果

读书
笔记

Learning Objectives
学习重点 ◢

247 页
设计制作 App 启动页面原型

251 页
设计制作 App 会员系统页面
原型

253 页
设计制作 App 首页原型

256 页
设计制作 App 设计师页面
原型

258 页
设计制作 App 页面导航交互

261 页
设计制作 App 注册/登录页
面交互

263 页
设计制作 App 主页面交互

第
12
章　设计制作移动端网页原型

　　本章将设计制作一款App项目原型，通过App项目原型的制作，帮助读者了解并掌握利用Axure RP 9制作移动端产品原型的要求和流程。为了便于学习，本章将案例分为原型页面制作和原型交互制作两部分，便于读者从不同的角度学习移动端App原型的制作方法。

12.1　设计制作App启动页面原型

　　本原型案例将制作App的主页面、启动页面和广告页面。App启动页面通常是指进入主页面之前的页面，制作完成后的App启动页面的原型效果如图12-1所示。

图12-1 App启动页面效果原型

源文件：资源包\源文件\第12章\12-1.rp
素　材：资源包\素材\第12章\12101.jpg~12104.jpg
技术要点：掌握【制作App启动页面原型】的方法

扫描查看演示视频 扫描下载素材

12.1.1　案例描述

　　一般情况下，一整套App项目会包含很多页面，在设计制作之前，设计师可以按照页面的功能将页面分为启动页面、会员系统页面、首页页面和设计师页面4部分，效果如图12-2所示。

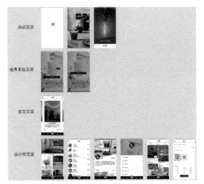

图12-2 案例预览效果

本原型案例将使用Axure RP 9设计制作创意家居App的启动页面，该App启动页面包括主界面、启动页面和开屏广告3个页面。

启动页面是App向用户展示的第一部分，在App开启前短暂停留几秒，起到传播App品牌的作用。追求商业利润是每个品牌的最终目的，如果能够在追求商业利润的同时成为传播文化的新途径，将会大大提升品牌的社会价值和App信服力，成为一个有社会责任感和民族情怀的品牌，将会在激烈的商业竞争中处于不败之地。

12.1.2 案例分析

本案例制作的App项目将运行于iOS系统，在设计制作原型时要遵循iOS系统要求及规范。严格控制页面的尺寸、图标的尺寸和文本的尺寸。为了提高制作效率，尽可能使用元件样式控制页面中的文本样式，使用与母版制作页面中相同的内容，如状态栏和标签栏。

鉴于微课的授课形式，制作步骤也只向读者讲解页面的制作流程，为了让读者在之后的案例制作过程中能够更加顺利地完成原型的制作，接下来对App启动页面中的母版和动态面板进行详细讲解。

新建一个文件并设置"页面尺寸"为iPhone 8（375×667），如图12-3所示。在页面中添加任意一个元件并将其选中，单击"样式"面板中的"管理元件样式"按钮，在弹出的"元件样式管理"对话框中新建一个名为"文本10"的样式，如图12-4所示。

图12-3 新建元件样式　　　　　图12-4 新建元件样式

 提示　App界面中的文字大小尽量采用2的倍数字号。iOS系统中的字体都应采用苹方字体，以保证最终预览效果的正确性。

在对话框右侧设置元件样式如图12-5所示。单击"复制"按钮，分别创建字号为12、14、16的样式，如图12-6所示。

图12-5 设置元件样式　　　　　图12-6 新建页面并导入图片素材

在"元件"面板中选择"iOS 11"元件库，将白色系统状态栏元件拖曳到页面中，如图12-7所示。调整其大小和位置，单击鼠标右键，在弹出的快捷菜单中选择"转换为母版"命令。

在弹出的"创建母版"对话框中设置母版名称为"状态栏"，如图12-8所示。单击"继续"按钮，完成母版的创建。

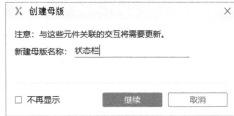

图12-7 使用元件库　　　　　　　　　　　　　图12-8 "创建母版"对话框

将"动态面板"元件拖曳到页面中并命名为"pop"，在"样式"面板中设置其尺寸和位置，如图12-9所示。双击"动态面板"元件进入编辑状态，修改"State 1"状态名为"广告1"，继续新建两个状态并修改其名称，如图12-10所示。

图12-9 设置尺寸和位置　　　　　图12-10 新建状态并修改名称

将"矩形 2"元件拖曳到页面中，在矩形的边缘处双击，调出矩形的锚点并将右下角的锚点向上调整。使用相同的方法完成另一个矩形元件的制作，如图12-11所示。为矩形元件添加图片素材的填充背景，如图12-12所示。

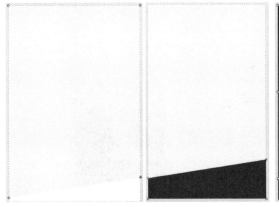
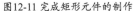

图12-11 完成矩形元件的制作　　　　　图12-12 填充图片背景

将"文本标签"元件拖曳到页面中，修改文本内容和尺寸，如图12-13所示。使用相同的方法完成"动态面板"元件中"广告2"状态和"广告3"状态页面的制作，页面效果如图12-14所示。

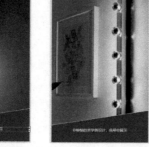

图12-13 修改文本内容和尺寸　　　　　　　图12-14 页面效果

12.1.3　制作步骤

STEP 01 新建一个文件，在"样式"面板中设置页面尺寸为 iPhone 8，将"矩形 2"元件拖曳到页面中并设置其样式，如图 12-15 所示。

STEP 02 将"二级标题"元件拖曳到页面中，修改文本内容并设置文本样式，如图 12-16 所示。同时选中"文本"元件和"矩形"元件，单击工具栏中的"组合"按钮完成编组操作，在"页面"面板中修改页面名称为"主界面"。

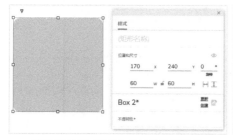

图12-15 使用"矩形"元件并设置样式　　　　　图12-16 修改文本内容并设置文本样式

 提示　使用 Axure RP 9 预设的 iPhone 8 尺寸为 1 倍尺寸，一般应用到屏幕分辨率较低的设备上。用户如若想获得较高的分辨率效果，可以使用 3 倍尺寸。

STEP 03 新建一个名为"启动页"的页面，将"图片"元件拖曳到页面中并插入图片素材，在打开的"元件样式管理"对话框中，创建如图 12-17 所示的元件样式。

STEP 04 在"iOS 11"元件库中选择白色状态栏元件并拖曳到页面中，设置元件的大小与位置，完成后将其转换为母版，页面效果如图 12-18 所示。

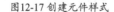

图12-17 创建元件样式　　　　　　　图12-18 页面效果

使用"矩形"元件和"文本"元件制作图标效果。将"文本标签"元件拖曳到页面中并修改文本内容,在"样式"面板中选择"文本 12"样式,设置对齐方式为居中,页面效果如图 12-19 所示。

新建一个名称为"开屏广告"的页面,在页面中添加一个名为"pop"的"动态面板"元件,设置 3 个不同的状态并使用各种元件完成状态页面的制作,继续使用各种元件和母版完成页面的制作,如图 12-20 所示。

图12-19 使用"文本"元件　　　　　图12-20 完成页面制作

12.2 设计制作App会员系统页面原型

对于任意一款App软件来说,精准地识别客户并有目的地推荐App中的商品是非常重要的。通常情况下,App软件平台都是通过会员系统获得客户信息的,制作完成后的App会员系统页面的原型效果如图12-21所示。

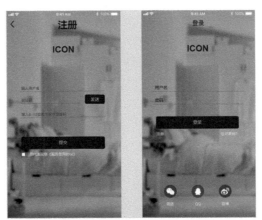

图12-21 App会员系统页面原型效果

源文件:资源包\源文件\第12章\12-2.rp
素　材:资源包\素材\第12章\12-2.rp
技术要点:掌握【制作会员系统页面原型】的方法

扫描查看演示视频　扫描下载素材

12.2.1 案例描述

会员系统对于会员的管理起着重要作用,原因在于它能简化、代替手工操作的烦琐工序,同时可以自动检索和激活,从横向与纵向多角度对客户进行精准分析,并描绘出客户的消费历史轨迹等,这些功能对软件平台的精细化运营起着决定性作用。

本案例将完成App会员系统原型的设计制作。通过制作会员系统页面原型，可以帮助开发人员快速了解App软件的服务内容和盈利方法。该App会员系统包括注册页和登录页，登录后将立即进入首页页面。

12.2.2 案例分析

会员系统是App中最重要的组成部分之一，通常用来收集和管理用户信息。由于篇幅所限，本案例只制作会员注册和登录页面。

鉴于微课的授课形式，制作步骤也只向读者讲解页面的制作流程，为了让读者在之后的案例制作过程中能够更加顺利地完成原型的制作，接下来对App登录页面中的用户名和密码输入框的制作进行详细讲解。

接上一个案例，在新建的登录页面中，连续添加两个"文本框"元件，在"样式"面板中设置位置，使用"文本14"样式并设置线段可见性，元件效果如图12-22所示。

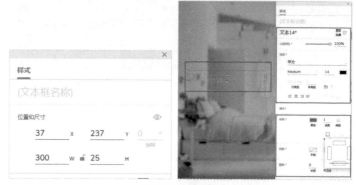

图12-22 元件效果

在"密码"文本框上单击鼠标右键，在弹出的快捷菜单中选择"输入类型>密码"命令。继续使用"矩形"元件为两个文本框添加提示文本，元件效果如图12-23所示。

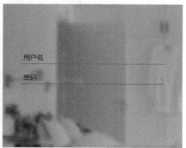

图12-23 元件效果

登录页面中的用户名和密码输入的制作方法同样适用于注册页面中输入框的制作，读者可以根据下面的制作步骤完成App的登录页面和注册页面的原型制作。

12.2.3 制作步骤

STEP 01 打开"素材 \ 第 12 章 \12-2.rp"文件，新建一个名称为"登录页"的页面，将"图片"元件拖曳到页面中并插入图片素材，页面效果如图 12-24 所示。

STEP 02 使用"文本框"元件和"矩形"元件创建"用户名"和"密码"输入框，页面效果如图 12-25 所示。

图12-24 页面效果　　　　　　　　　　图12-25 页面效果

STEP 03 使用"主要按钮"元件和"矩形"元件创建"登录"按钮和文本内容，页面效果如图12-26 所示。

STEP 04 继续使用"状态栏"母版文件、"文本"元件、"图片"元件和"矩形"元件制作登录页面的其他内容，完成效果如图 12-27 所示。

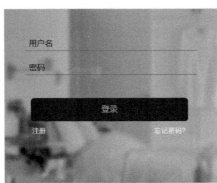

图12-26 页面效果　　　　　　　　　图12-27 制作其他内容

STEP 05 新建一个名称为"注册页"的页面，使用"文本框"元件、矩形元件、"主要按钮"元件和"复选框"元件创建页面内容，页面效果如图 12-28 所示。

STEP 06 继续使用"母版"元件和"矩形"元件完成注册页中其他内容的制作，页面效果如图 12-29 所示。

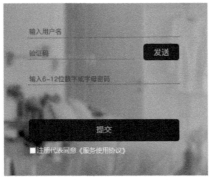

图12-28 页面效果　　　　　　　　图12-29 完成注册页制作

12.3　设计制作App首页原型

首页通常是一个App向用户展示项目内容的最全面的页面，用户可以在首页页面中第一时间了解App的内容，感受App要传达的信息。制作完成后的App首页页面的原型效果如图12-30所示。

图12-30 App首页页面原型效果

源文件：资源包\源文件\第12章\12-3.rp

素　材：资源包\素材\第12章\12-3.rp

技术要点：掌握【制作App首页页面原型】的方法

扫描查看演示视频　扫描下载素材

12.3.1 案例描述

本案例将完成App项目中第三部分原型页面的设计制作——首页。该页面是用户经过启动页面或登录页面与注册页面后，进入软件时首先看到的页面。通过制作首页页面原型，可以帮助开发人员快速了解App软件的页面结构和功能分区。

12.3.2 案例分析

首页是用户进入App后第一时间了解并观察信息的地方，通常用来引导和吸引用户。

鉴于微课的授课形式，制作步骤只讲解页面的制作流程，为了让读者之后能够更加顺利地完成原型的制作，接下来对App首页原型页面中的母版文件进行详细讲解。

在"母版"面板中新建一个名为"标签栏"的文件，将"动态面板"元件拖曳到页面中，双击进入面板编辑状态，设置尺寸如图12-31所示。

在页面中添加矩形元件，设置矩形大小为375px×46px，继续在页面中添加"图片"元件，设置大小为53px×53px，并设置图片填充背景，元件效果如图12-32所示。

图12-31 设置"动态面板"元件的尺寸　　　　图12-32 元件效果

继续在页面中添加"图片"元件并为其设置图片填充，"State1"状态的页面效果如图12-33所示。在状态页面的顶部单击打开面板，在面板中新建"State2"状态，使用刚才的绘制方法完成"State2"状态页面的制作，页面效果如图12-34所示。

图12-33 "State 1"状态的页面效果　　　　图12-34 "State 2"状态的页面效果

使用相同的方法创建"State3"状态和"State4"状态，并完成"State3"状态页面和"State4"状态页面的制作，页面效果如图12-35所示。

图12-35 页面效果

了解了标签栏母版文件的制作过程后，用户可以根据下面的制作步骤和页面制作流程完成App首页原型页面的制作。

12.3.3 制作步骤

STEP 01 打开"素材 \ 第 12 章 \12-2.rp"文件，在"母版"面板中新建"标签栏"文件，使用各种元件完成母版文件的制作，如图 12-36 所示。

STEP 02 新建一个名为"首页"的页面，使用"母版"元件、"文本"元件、"矩形"元件和"水平线"元件制作如图 12-37 所示的页面效果。

图12-36 制作母版文件 　　　　　　　图12-37 页面效果

STEP 03 将"动态面板"元件拖曳到页面中，设置其名称为"menu"，双击进入面板编辑模式，使用"图片"元件和"矩形"元件创建页面效果，如图 12-38 所示。

STEP 04 继续使用"图片"元件、"矩形"元件和各种形状完成"State1"状态页面中其他内容的制作，如图 12-39 所示。

图12-38 制作页面 　　　　图12-39 制作页面中的其他内容

STEP 05 新建一个面板状态，使用相同的方法完成"State2"状态页面的内容，页面效果如图 12-40 所示。

STEP 06 继续新建有一个面板状态，并使用相同的方法完成"State3"状态页面的内容，回到主页面，页面效果如图 12-41 所示。

图12-40 制作"State2"状态页面的内容　　　　　　　图12-41 页面效果

12.4　设计制作App设计师页面原型

　　设计师功能是该App项目中的一个核心功能，用户可以根据个人喜好访问不同的设计师页面，寻找感兴趣的内容。制作完成后的App设计师页面的原型效果如图12-42所示。

图12-42 App设计师页面原型效果

源文件：资源包\源文件\第12章\12-4.rp
素　材：资源包\素材\第12章\12-4.rp
技术要点：掌握【制作App设计师页面原型】的方法

扫描查看演示视频　　扫描下载素材

12.4.1　案例描述

　　在App项目中的设计师功能页面中，用户可以完成对家居设计风格的选择与管理，同时可以多角度地对客户喜爱的设计风格进行精准分析，这些功能对软件平台的多元化运营起着决定性作用。

　　本案例将完成App"设计师"页面、"设计师"子页面、"购物"页面、"定制"页面和"我的"页面等页面原型的制作。通过制作这些页面原型，可以帮助开发人员进一步了解App软件的设计风格分类、用户信息和高级用户的定制需求等信息。

12.4.2　案例分析

　　当用户在一款App中经历了启动页面、登录页面和注册页面的操作，并在首页了解了足够多的信息后，用户会开始在首页的同级页面中搜索或查看自己想要的服务或商品。此时，App的"设计师"页面、"购物"页面或"定制"页面开始进入用户的浏览范围。

　　因此，"设计师"页面、"购物"页面、"定制"页面和"我的"页面是App首页的补充项或延伸项，目的是为了更好地留住潜在用户，同时加深用户对App的印象。

12.4.3　制作步骤

STEP 01 打开"素材\第12章\12-4.rp"文件，为"首页"页面添加一个名为"设计师"的子页面，使用各种元件完成"设计师"页面的制作，效果如图12-43所示。

STEP 02 为"设计师"页面添加一个名为"简约"的子页面，使用各种元件完成"简约"页面的制作，效果如图 12-44 所示。

图12-43 "设计师"页面　　图12-44 "简约"页面

STEP 03 为"简约"页面添加一个名为"简介"的子页面，继续使用各种元件完成"简介"页面的制作，效果如图 12-45 所示。

STEP 04 在"设计师"页面的下方为"首页"页面添加一个名为"购物"的页面，继续使用各种元件完成"购物"页面的制作，效果如图 12-46 所示。

图12-45 "简介"页面　　图12-46 "购物"页面

STEP 05 在购物页面的下方为"首页"页面添加一个名为"定制"的页面，继续使用各种元件完成"定制"页面的制作，效果如图 12-47 所示。

STEP 06 在"定制"页面的下方为"首页"页面添加一个名为"我的"页面，继续使用各种元件完成"我的"页面的制作，效果如图 12-48 所示。

图12-47 "定制"页面　　　　图12-48 "我的"页面

12.5 设计制作App页面导航交互

App页面原型制作完成后，需要为其添加交互将所有页面结合在一起，形成App的高保真原型，便于用户和开发人员了解整个项目中的页面关系。添加交互效果后的App主页面、启动页面和开屏广告页面如图12-49所示。

图12-49 添加交互效果后的页面

源文件：资源包\源文件\第12章\12-5.rp
素　材：资源包\素材\第12章\12-5.rp
技术要点：掌握【制作App页面导航交互】的方法

扫描查看演示视频　扫描下载素材

12.5.1 案例描述

本案例中将制作创意家居App项目中最基础的页面交互效果，页面间的交互关系如图12-50所示。

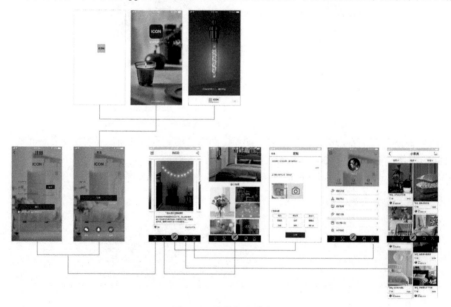

图12-50 页面交互关系

12.5.2 案例分析

由于该原型将底部的标签栏制作成母版并应用到所有页面中，因此只需为母版添加交互，即可完成所有的页面导航交互效果。

在为App原型添加交互时，通常会采用添加到页面和元件两种方式。例如，"启动页"页面和

"开屏广告"页面都通过设置"页面载入时"事件实现交互效果。而页面中针对单个元件的交互效果，通常需要选中元件后再添加交互。

鉴于微课的授课形式，制作步骤只讲解页面交互的添加过程，为了让读者在之后的案例制作过程中能够更加顺利地完成交互效果的制作，接下来对App的标签栏母版和"开屏广告"页面中的动态面板进行详细讲解。

双击"母版"面板中的"标签栏"文件，进入母版编辑模式，双击"动态面板"元件，将"热区"元件拖曳到页面中，调整其大小和位置，如图12-51所示。在"交互编辑器"对话框中添加交互，如图12-52所示。

图12-51 调整"热区"元件的大小和位置　　　　　　图12-52 添加交互

单击"确定"按钮，页面效果如图12-53所示。使用相同的方法为其他栏目添加交互效果，如图12-54所示。

图12-53 页面效果　　　　　　　　图12-54 为其他栏目添加交互效果

进入"开屏广告"页面，双击"pop"动态面板元件，进入编辑模式，添加一个9px×9px的圆形并将其选中，在"交互"面板中为其添加"单击时"事件，再添加"设置面板状态"动作并设置动作参数，如图12-55所示。完成后继续绘制两个圆形。

分别选中两个圆形元件，在"交互"面板中为其添加"单击时"事件和"设置面板状态"动作，交互效果如图12-56所示。

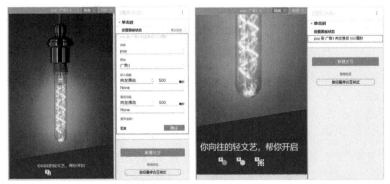

图12-55 设置动作参数　　　　　　　　图12-56 交互效果

将3个"圆形"元件复制并粘贴到其他两个面板状态中，并根据面板状态的名称调整圆形的显示颜色，如图12-57所示。

图12-57 复制圆形元件

在"广告3"状态中，将"动态面板"元件拖曳到页面中，进入面板的编辑状态并添加一个"按钮"元件，如图12-58所示。添加一个面板状态，使用"按钮"元件创建页面，效果如图12-59所示。

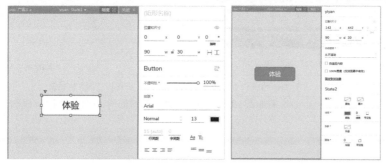

图12-58 使用元件　　　　　　　　　图12-59 创建页面效果

12.5.3 制作步骤

STEP 01 打开"素材\第12章\12-5.rp"文件，进入"主界面"页面，选中图标组，在"交互"面板中为其添加"单击时"事件，再添加"打开链接"动作并设置动作参数如图 12-60 所示。

STEP 02 进入"启动页"页面，在"交互编辑器"对话框中添加"页面载入时"事件，再添加"等待"动作，设置"等待"数值为 2000 毫秒。再添加"打开链接"事件，设置动作参数，如图 12-61 所示。

图12-60 设置动作参数　　　　　　　图12-61 设置动作参数

STEP 03 进入"开屏广告"页面的动态面板元件的"广告 3"状态，再进入名为"tiyan"的动态面板编辑状态，选中"State1"状态的"按钮"元件，在"交互"面板中添加如图 12-62 所示的交互效果。选中"State2"状态的"按钮"元件，添加同样的交互效果。

STEP 04 单击"关闭"按钮，返回"State3"状态。选中"tiyan"元件，在"交互"面板中添加"鼠标移入时"事件，添加"设置面板状态"动作并设置动作参数。再添加"设置面板状态"动作，设置动作参数，如图 12-63 所示。

图12-62 添加交互效果　　　　　　　图12-63 设置动作参数

STEP 05 添加"鼠标移出时"事件，再添加"设置面板状态"动作并设置动作参数，如图 12-64 所示。添加"单击时"事件，再添加"打开链接"动作，设置动作后，单击"确定"按钮。

STEP 06 单击面板编辑模式右上角的"关闭"按钮，返回"开屏广告"页面，在"交互"面板中添加"页面载入时"事件，再添加"设置面板状态"动作，设置动作参数，如图 12-65 所示。

图12-64 设置动作参数　　　　　　　图12-65 设置动作参数

12.6 设计制作App注册/登录页面交互

　　本案例将为注册/登录页面添加简单的超链接交互，用来实现当用户单击按钮元件时跳转到对应页面的交互效果。添加交互效果后的App"登录"页面、"注册"页面和"首页"页面如图12-66所示。

图12-66 添加交互效果后的App"登录"页面、"注册"页面和"首页"页面

源文件：资源包\源文件\第12章\12-6.rp
素　材：资源包\素材\第12章\12-6.rp
技术要点：掌握【制作注册/登录页面交互】的方法

扫描查看演示视频　扫描下载素材

12.6.1 案例描述

　　会员系统是一个App中重要的组成部分，平台可以通过会员系统获得目标用户的信息，进行有目的的推广和促销。会员系统的交互是否合理将直接影响目标用户注册成为会员的积极性，会员系统页面的交互关系图如图12-67所示。

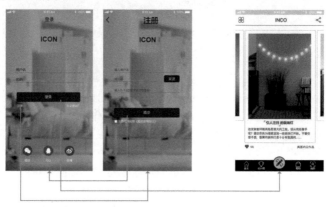

图12-67 会员系统页面交互关系图

12.6.2 案例分析

　　为App的"登录"页面、"注册"页面和"首页"页面添加交互效果后，在Axure RP 9的工具栏中单击"预览"按钮，打开浏览器预览原型。在"登录"页面中，如果已经拥有账号，可以在"用户名"和"密码"输入框中输入对应内容，直接单击"登录"按钮立即进入首页。

　　如果没有账号可单击"登录"按钮左下侧的"注册"文本，进入"注册"页面。在注册页面中完成信息填报后，单击"提交"按钮立即进入"登录"页面，用户可以使用刚刚注册的信息完成登录后进入首页。

　　进入App的首页页面后，在图片上从左到右拖曳鼠标光标结束时，切换到如图12-68所示的图片展示效果；在图片上从右到左拖曳鼠标光标结束时，切换到如图12-69所示的图片展示效果。

图12-68 图片展示1　　　　　　　　　　　　图12-69 图片展示2

12.6.3 制作步骤

STEP 01 打开"素材\第12章\12-6.rp"文件，进入"登录页"页面，选中"登录"按钮，在"交互"面板中为其添加交互，如图12-70所示。

STEP 02 选中"注册"文本元件,在"交互"面板中为其添加"单击时"事件和"打开链接"动作,如图 12-71 所示。

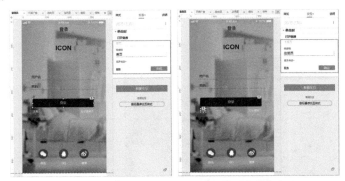

图12-70 添加交互　　　　图12-71 添加交互

STEP 03 分别选中页面中的 3 个图片,在"交互"面板中为其添加"单击时"事件和"打开链接"动作,如图 12-72 所示。

STEP 04 进入"注册页"页面,选中"提交"按钮,在"交互"面板中为其添加交互,如图 12-73 所示。

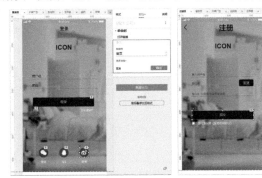

图12-72 添加交互　　　　图12-73 添加交互

STEP 05 进入"首页"页面,选中"menu"元件,在"交互"面板中添加"向左拖动结束时"事件,再添加"设置面板状态"动作,设置动作参数,如图 12-74 所示。

STEP 06 添加"向右拖动结束时"事件,再添加"设置面板状态"动作,设置动作参数,如图 12-75 所示。

图12-74 设置动作参数　　　　图12-75 设置动作参数

12.7 设计制作App主页面交互

本案例将为创意家居App主页面添加交互,实现页面间的跳转关系,展示"设计师"页面、"购物"页面、"定制"页面和"我的"页面的交互效果。添加交互效果后的App"设计师"页面、"购物"页面和"定制"页面如图12-76所示。

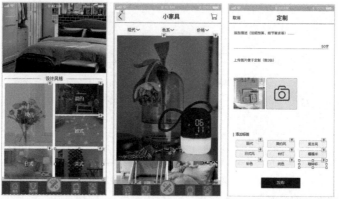

图12-76 添加交互效果后的App"设计师"页面、"购物"页面和"定制"页面

源文件：资源包\源文件\第12章\12-7.rp
素　材：资源包\素材\第12章\12-7.rp
技术要点：掌握【制作App主页面交互】的方法

扫描查看演示视频　扫描下载素材

12.7.1 案例描述

购物系统是电子商务项目中最重要的组成部分。用户可以通过导航栏快速访问"购物"页面，根据设计师和产品的分类选择感兴趣的产品进行购买。也可以通过导航栏访问"定制"页面，提交定制需求。购物系统页面的交互关系如图12-77所示。

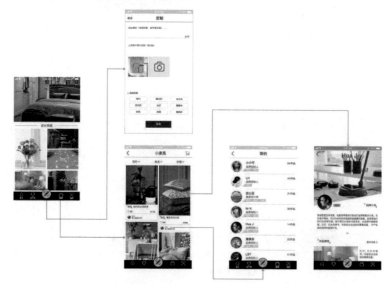

图12-77 购物系统页面交互关系

12.7.2 案例分析

鉴于微课的授课形式，制作步骤只讲解页面交互的添加过程，为了让读者在之后的案例制作过程中能够更加顺利地完成交互效果的制作，接下来对App的"购物"页面中的动态面板和"定制"页面中的动态面板进行详细讲解。

进入"购物"页面，将"动态面板"元件拖曳到页面中并为其命名为"pic"，如图12-78所示。双击"动态面板"进入其编辑状态，将"图片"元件拖曳到页面中，为其填充图片背景，如图12-79所示。

图12-78 使用"动态面板"元件　　　　图12-79 添加"图片"元件

进入"定制"页面，选中"现代"按钮元件，按【Ctrl+X】组合键将其剪贴到剪贴板中，再将"动态面板"元件拖曳到页面中，设置其大小尺寸为99px×26px，如图12-80所示。双击"动态面板"元件进入其编辑状态，按【Ctrl+V】组合键粘贴按钮元件，如图12-81所示。

图12-80 添加"动态面板"元件　　　图12-81 粘贴元件

新建一个面板状态，再按【Ctrl+V】组合键粘贴按钮元件，在"样式"面板中修改元件的填充颜色、线段颜色和文字颜色，如图12-82所示。

单击页面右上角的"关闭"按钮，回到"定制"页面，将"动态面板"元件命名为"标签1"，使用相同的方法完成其余按钮元件的制作，如图12-83所示。

图12-82 新建状态并粘贴元件　图12-83 完成其余按钮元件的制作

为"设计师"页面、"购物"页面和"定制"页面添加交互效果后，进入"设计师"页面。单击工具栏中的"预览"按钮，在浏览器中打开如图12-84所示的原型页面，将鼠标光标移入"现代"图片中，图片出现更亮的显示效果，如图12-85所示。使用鼠标光标在"简约"图片上单击，即可进入"简约"页面，如图12-86所示。

图12-84 原型页面　　　图12-85 显示效果　　　图12-86 "简约"页面

　　进入"购物"页面，页面效果如图12-87所示。将鼠标光标移入到第一张图片内并单击，即可弹出该图片的大图，展示效果如图12-88所示。浏览过后，再次在大图上单击即可关闭大图展示效果，如图12-89所示。

图12-87 "购物"页面效果　图12-88 展示效果　图12-89 关闭大图展示效果

12.7.3 制作步骤

STEP 01 打开"素材 \ 第 12 章 \12-7.rp"文件，进入"设计师"页面，选中"jianyue"动态面板，在"交互"面板中添加"鼠标移入时"事件，再添加"设置面板状态"动作，设置动作参数，如图 12-90 所示。

STEP 02 添加"鼠标移出时"事件，再添加"设置面板状态"动作，设置动作参数。添加"单击时"事件，再添加"打开链接"动作，设置动作参数，如图12-91所示。使用相同的方法为"xiandai""oushi""rishi""meishi"元件添加交互效果。

图12-90 设置动作参数　　　　　　　　图12-91 设置动作参数

STEP 03 进入"购物"页面，选中"pic"元件，在"交互"面板中为其添加交互。选中页面中的"图片"元件，在"交互"面板中为其添加"单击时"事件，再添加"显示/隐藏"动作，设置动作参数，如图 12-92 所示。

STEP 04 在页面空白位置单击，在"交互"面板中添加"页面载入时"事件，添加"显示/隐藏"动作，设置动作参数，如图 12-93 所示。

图12-92 设置动作参数　　　　　　　　　　　　　　　　　　图12-93 添加交互

STEP 05 将"热区"元件拖曳到页面中，调整大小和位置，在"交互"面板中添加交互，如图 12-94 所示。进入"定制"页面，选中"标签 1"动态面板元件。

STEP 06 在"交互"面板中添加"单击时"事件，再添加"设置面板状态"动作，设置动作参数。使用相同的方法为其他动态按钮元件添加交互效果，如图 12-95 所示。

图12-94 添加交互　　　图12-95 为其他动态按钮元件添加交互

读书
笔记

267

附录A： Axure RP 9常用快捷键

🔊)) **基本快捷键**
....

- 新建：Ctrl+N
- 打开：Ctrl+O
- 关闭当前页：Ctrl+F4/Ctrl+W
- 保存：Ctrl+S
- 退出：Alt+F4
- 打印：Ctrl+P
- 查找：Ctrl+F
- 替换：Ctrl+H
- 复制：Ctrl+C
- 剪切：Ctrl+X
- 粘贴：Ctrl+V
- 快速复制：Ctrl+D/Ctrl+鼠标拖曳
- 撤销：Ctrl+Z
- 重做：Ctrl+Y
- 全选：Ctrl+A
- 帮助说明：F1
- 偏好设置：F9

🔊)) **输出快捷键**
....

- 预览选项：Ctrl+Shift+Alt+P
- 生成HTML文件：Ctrl+Shift+O
- 重新生成当前页面的HTML文件：Ctrl+Shift+I
- 生成Word说明书：Ctrl+Shift+D
- 更多生成器和配置文件：Ctrl+Shift+M

🔊)) **工作区快捷键**
....

- 上一页：Ctrl+Tab
- 下一页：Ctrl+Shift+Tab
- 放大/缩小页面：Ctrl+鼠标滚轮
- 页面左右移动：Shift+鼠标滚轮
- 页面上下移动：鼠标滚轮
- 关闭当前页：Ctrl+W
- 页面水平移动：Space+鼠标左键（或右键）拖动
- 显示网格/隐藏网格：Ctrl+'
- 隐藏/显示全局辅助线：Ctrl+Alt+,
- 隐藏/显示页面辅助线：Ctrl+Alt+.

🔊)) **编辑快捷键**
....

- 元件上移一层：Ctrl+]
- 元件下移一层：Ctrl+[

- 元件移至顶层：Ctrl+Shift+]
- 元件移至底层：Ctrl+Shift+[
- 元件左侧对齐：Ctrl+Alt+L
- 元件右侧对齐：Ctrl+Alt+R
- 元件顶部对齐：Ctrl+Alt+T
- 元件底部对齐：Ctrl+Alt+B
- 元件居中对齐：Ctrl+Alt+C
- 元件中部居中：Ctrl+Alt+M
- 文字左对齐：Ctrl+ Shift +L
- 文字右对齐：Ctrl+ Shift +R
- 文字居中：Ctrl+ Shift+C
- 粗体/非粗体：Ctrl+B
- 斜体/非斜体：Ctrl+I
- 下画线/无下画线：Ctrl+U
- 组合：Ctrl+G
- 取消组合：Ctrl+Shift+G
- 编辑位置和尺寸：Ctrl+L
- 锁定位置和尺寸：Ctrl+K
- 解锁位置和尺寸：Ctrl+Shift+K
- 向下切换编辑项：Tab
- 相交选中：Ctrl+Alt+1
- 包含选中：Ctrl+Alt+2
- 连线工具：E
- 每次移动元件1个像素：方向键
- 每次移动元件10个像素：Shift/Ctrl+方向键

附录B： Axure RP 9与Photoshop

　　使用Axure RP 9设计制作原型时，优化图片或修改图片时经常需要用到Photoshop，有时甚至直接将设计图从Photoshop移动到Axure中。

　　使用Phtooshop可以轻松完成页面的设计，如图B-1所示。

图B-1 使用Photoshop完成的页面设计

■)) 统一设计和原型的尺寸

　　执行"图像>图像大小"命令，在弹出的"图像大小"对话框中可以看到页面的"宽度"和"高度"，如图B-2所示。在Axure RP 9中最好使原型的尺寸与该尺寸保持一致。

■)) 利用图层

　　在Photoshop中设计页面时，会将不同的对象放置在不同的图层中，如文字、背景、按钮和图片等，如图B-3所示。在Axure RP 9中，这些图层都是单独的元件或组合。合理地利用Photoshop中的相应功能，将大大降低在Axure中制作原型的难度。

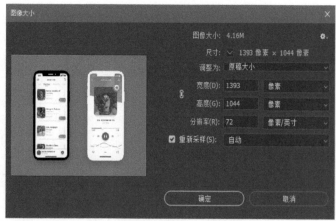

图B-2 "图像大小"对话框

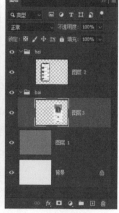

图B-3 "图层"面板

■)) 裁切图像

　　选择想要复制的图层，将其他无关的图层暂时隐藏，如图B-4所示。此时的图像以透明效果显示。执行"图像>裁切"命令，在弹出的"裁切"对话框中进行设置，如图B-5所示。

图B-4 隐藏图层　　　　　　　　　　　　图B-5 "裁切"对话框

　　单击"确定"按钮，即可完成图片的裁切，效果如图B-6所示。执行"文件>另存为"命令，将文件保存。执行"编辑>后退一步"命令，可以返回原文件，继续重复操作。

图B-6 完成裁切操作

🔊)) 合并拷贝

　　用户可以按住【Ctrl】键并单击图层的缩略图，将图层选区调出。执行"编辑>拷贝"命令，新建一个页面，执行"编辑>粘贴"命令，如图B-7所示，即可将当前对象复制到一个新页面中。

　　执行"编辑>合并拷贝"命令，如图B-8所示，可以同时将多个图层上的内容复制。再通过执行"编辑>粘贴"命令，将多个图层对象复制到一个页面中。

图B-7 选择"粘贴"命令　图B-8 选择"合并拷贝"命令

🔊 透底

如果用户需要背景透明的图像，可以在新建文档时选择新建"透明"背景文件，如图B-9所示。

图B-9 新建透明背景的文件

存储文件时，可以选择存储为PNG格式或GIF格式。这两种格式都支持透底图像，各有优缺点。GIF格式只有256种颜色，对于一些颜色丰富的图像会出现失真的效果。而一些旧版本的浏览器不支持PNG格式。

🔊 制作页面背景

在Axure RP 9中可以为页面设置背景，还可以控制背景的平铺方式为水平或垂直。所以在制作背景时，可以巧妙地利用这一点，只提供很小的图片，然后设置平铺方式，实现背景效果。

在Photoshop中利用"渐变工具"绘制如图B-10所示的背景效果。

图B-10 创建渐变背景效果

使用"矩形选框工具"选择局部，执行"编辑＞拷贝"命令。新建文件，执行"编辑＞粘贴"命令，得到局部背景效果，如图B-11所示。在Axure RP 9中为页面应用背景，页面效果如图B-12所示。

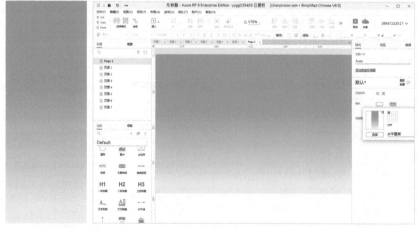

图B-11 背景效果　　　　　　　　　　　图B-12 页面效果

附录C： Axure RP 9与HyperSnap

　　在Axure RP 9中设计制作原型时，常常会需要将一些网页设计图作为背景。但是使用Photoshop制作背景又过于烦琐，这时用户可以通过截图的方式，将一些网页保存为图片，以供Axure RP 9制作原型时使用。

　　截图软件有很多，此处介绍笔者经常使用的HyperSnap。购买并安装该软件后，软件的启动界面如图C-1所示。

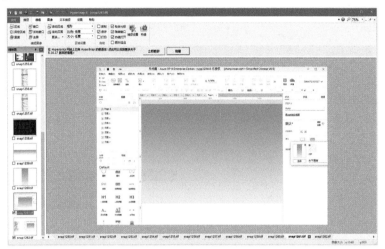

图C-1 软件启动界面

🔊 步骤设置

　　执行"捕捉>捕捉设置"命令，在弹出的"捕捉设置"对话框中设置捕捉的各种参数，如图C-2所示。用户可以在"快速保存"选项卡中设置自动保存，这样截图完成后，图片会自动存储，如图C-3所示。

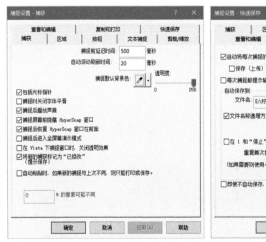

图C-2 设置捕捉参数

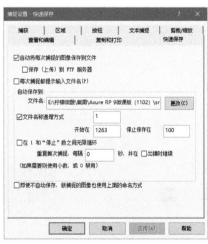

图C-3 快速保存

🔊 设置捕捉分辨率

　　在菜单栏中单击"分辨率"按钮，如图C-4所示。在弹出的"图像分辨率"对话框中，用户可以根据需求设置不同的分辨率，如图C-5所示。分辨率越大，截图的尺寸越小。

图C-4 单击"分辨率"按钮

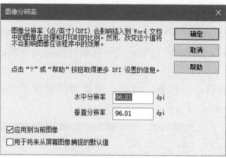

图C-5 设置图像分辨率

◀)) 设置热键

HyperSnap提供了丰富的截图类型，用户可以通过使用热键快速完成操作。单击菜单栏中的"热键"按钮，弹出"屏幕捕捉热键"对话框，如图C-6所示，选择底部的"启用热键"复选框，可以启用热键。单击底部的"自定义键盘"按钮，弹出"自定义"对话框，在其中可以设置不同捕捉方式的热键，如图C-7所示。设置完成后关闭对话框即可。

图C-6 "屏幕捕捉热键"对话框

图C-7 设置不同捕捉方式的热键

◀)) 编辑截图

用户可以对截图进行再次编辑，添加文字说明或图片注解等内容。可以使用软件界面顶部的工具箱中的工具对图片进行编辑操作，如图C-8所示。

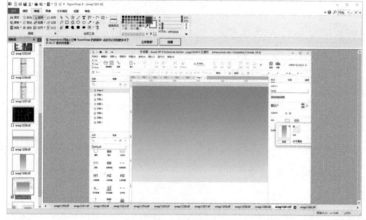

图C-8 编辑操作